四色猜测的手工证明

（30 多年研究四色猜测的 15 种证明方法）

雷　明　著

西北工业大学出版社

西　安

【内容简介】 任何问题的解决，都不会只有一种方法，从不同的角度出发，一定会有多种不同的解决办法。本书是作者30多年来研究四色问题的总结，全书详细地介绍了作者的15种不同的方法对四色猜测进行的证明过程，都得出了猜测是正确的结论。看来四色猜测的证明并不是不用电子计算机就证明不了的问题，也不是没有新的数学理论的出现就不能解决的问题。

本书适用于中学生，大学生，研究生，大学教师阅读，也适用于对四色问题进行研究的专业图论数学工作者和非专业的数学难题爱好者研究之用。

图书在版编目（CIP）数据

四色猜测的手工证明/雷明著. —西安:西北工业大学出版社，2018.12
ISBN 978 - 7 - 5612 - 5977 - 1

Ⅰ.①四⋯　Ⅱ.①雷⋯　Ⅲ.①四色问题-研究　Ⅳ.①O157.5

中国版本图书馆 CIP 数据核字（2018）第 285210 号

SISE CAICE DE SHOUGONG ZHENGMING

四 色 猜 测 的 手 工 证 明

责任编辑: 蒋民昌		**策划编辑:** 蒋民昌
责任校对: 李阿盟　王 尧		**装帧设计:** 董晓伟
出版发行: 西北工业大学出版社		
通信地址: 西安市友谊西路 127 号		邮编:710072
电　话: (029)88491757，88493844		
网　址: www.nwpup.com		
印 刷 者: 陕西金德佳印务有限公司		
开　本: 727 mm×960 mm		1/16
印　张: 9.75		
字　数: 126 千字		
版　次: 2018 年 12 月第 1 版		2019 年 8 月第 1 次印刷
定　价: 36.00 元		

如有印装问题请与出版社联系调换

前　　言

本书是笔者关于四色猜测证明的论文专辑,是笔者 30 多年来研究四色问题的总结,可供中学生、大学生、研究生、大学教师阅读,也可作为从事四色问题研究的专业图论数学工作者和非专业数学难题爱好者研究之用。

1984 年和1985 年笔者曾两次脱离工作岗位去学习计算机语言(全国国有大中型企业厂矿长统考考前培训班),谁知计算机语言并没有学好,却对四色问题产生了浓厚的兴趣。从 1985 年开始,笔者就一直在利用业余时间独立的来研究四色问题,至今已有 30 多年了。

可能有人要问,学习计算机怎么会与四色问题联系在一起,并对其产生了兴趣呢? 原因是这样的:学习计算机语言的目的,是为了编程序,编出的程序是要让计算机去执行,代替人去做事。但那时教师和教学资料上都讲到,一个半世纪以前提出的地图四色猜测,人一辈子时间也证明不了,而在电子计算机问世之后却被电子计算机证明了。笔者觉得这种说法不大妥当,所以也就产生了想自己用手工对四色猜测进行证明的想法。

计算机本身就是人脑智慧的产物,哪里还有人不能证明是正确还是错误的东西,而能被计算机证明是正确的道理呢? 难道人还不会做的事,计算机就能会做吗? 计算机作为一种计算工具,它只能按人的意志——人编写出来的程序,机械的、一步也不偏离的去执行,它也不会像人脑那样可以进行思维,它绝对是不会证明四色猜测的。所谓电子计算机证明了四色猜测,只不过是人利用计算机对有限个平面图或地图进行的 4—着色而已,因为人能把着色的方法编写成程序教给计算机,让计算机按照人的想法代替人去对人仅仅给了计算机的那些个有限的图进行着色。也就是说,所谓计算机证明四色猜测,实际上还是在人的指挥下进行工作的。从这一点上说,还应是人在进行证明的。但计算机所着过色的图也是有限的,还不到 2 000 个,而"图"却有无穷多个,是一个无穷的集合,永远是不可能把所有的图着色。因此,计算机着过色的图再多,也是不可能把所有的图全部都着的,这样也就永远不能说明四色猜测就是正确的。

起先,笔者也和前人一样,也是进行着色,所着过色的图,也都是用了不超过四种的颜色。但这本身与计算机的所谓"证明"是一样的,也只是对有限个图进行的 4—着色,也不能说明四色猜测就得到证明是正确的。有一次笔者因病住院治疗,无意中想到了把图的密度与着色联系起来,想到了从图论出发,不对任何一个图,任何一个顶点进行着色,而把图顶点的着色与图顶点的同化联系起来。只要求出任意图顶点同化时的最小完全同态,得到图的最小完全同态的顶点数与图的色数和图的密度的关系,从而得到任意图顶点着色时色数的界,再把平面图的特点——密度不大于 4 考虑进去,就能得到任何平面图顶点着色时的色数总是不大于 4 的结论,从而证得四色猜测是正确的。

在笔者用图论方法证明四色猜测之前,已对 100 多年前构造出的、直至 1992 年前还未看到是可以 4—着色的赫渥特(Heawood)图成功的进行了 4—着色,并在陕西省数学会 1992 年 3 月 6 日—8 日于西安空军工程学院(现改名为西安空军工程大学)召开的学会第七次代表大会暨学术年会上做了学术论文报告,当场对赫渥特图进行了 4—着色演示。由于图的种类、个数及顶点数都是无穷多的,永远也不可能着完,而赫渥特图只是其中的一个图,只能是个别的,所以笔者在报告的最后提出了走"不画图,不着色"研究四色问题的道路,得到了与会专家及学者的高度好评。

1994 年 9 月 26 日—29 日笔者又参加了陕西省数学会在延安

大学举行的 1994 年的学术年会,并做了任意图的最小完全同态的顶点数(也即图的色数)不大于其密度的 1.5 倍和四色猜测证明的学术论文报告。由于平面图的密度均不大于 4,且密度为 4 的平面图不可能有不可同化道路,因而也得到了任何平面图的色数都不大于 4 的结论,由此证明了四色猜测是正确的。

2006 年 8 月 9 日—11 日,笔者还参加了在宁夏银川召开的"第五届全国现代科学计算研讨会、第二届西部地区计算数学年会暨首届海内外华人青年学者计算数学交流会"(简称"数学三会"),并做了对哥德巴赫猜想的研究应从数集合角度进行的设想;2010 年和 2012 年还分别在徐州师范学院和洛阳师范学院参加了第四届和第五届"全国组合数学与图论大会",并做了用图的同化理论证明四色猜测的学术论文报告。

现在笔者的"不画图,不着色"证明四色猜测的目标已经达到,并且不只是一种方法,而是用了 15 种方法,从不同的角度都证明了四色猜测是正确的。现将自己的研究结果,整理成此册并出版,献给四色爱好者和专业的图论工作者,愿与专业的数学工作者和非专业的难题爱好者共勉,或许也能对四色问题的研究起到一定的促进作用。

本书中的各篇论文,除了《四色问题简介》外,都在《中国博士网》的《数学论坛》栏目和《数学中国》网的《哥猜等难题和猜想》栏目上发表过,也均保存在《雷明的博客》中。(《数学论谈》网址:http://www.chinaphd.com/cgi—bin/forums.cgi?forum=5,《哥猜等难题和猜想》网址:http://www.mathchina.com/bbs/forum.php?mod=forumdisplay&fid=12,《雷明的博客》网址:http://blog.sina.com.cn/leiming1946)

著 者
2017 年 7 月

目　　录

1. 四色问题简介

四色猜测也叫四色问题。

四色猜测是 1852 年由英国的绘图员法朗西斯在绘制英国地图的过程中提出的,即把一个平面分成若干个区域,给每一个区域染上一种颜色,使得有共同边界的区域着上不同颜色,最多需要四种颜色就够用了。

由于法朗西斯自己不能对其进行证明是否正确,便请教他当时正在大学读书的弟弟,然而弟弟也不能解决。经哥哥的同意后,弟弟便请教自己的老师——伦敦大学的教授、著名的数学家莫根。可莫根也无法解决,但他认为这是一个崭新的东西。便又把这个问题写信告诉了他在三一学院的好友、著名数学家和物理学家哈密顿。可惜哈密顿并没有重视这一问题,并于三天后给莫根回信说:"我可能不会很快就考虑你的'四元组'问题。"但实际上这件事在之后的时间里便再无下文了。虽然是这样,但莫根仍在大力的对四色问题进行着传播。正是由于莫根的努力,四色猜测才引起了数学界的重视。

四色猜测自提出以后,过去了整整 26 年,到了 1878 年 6 月 13 日,在伦敦的数学会上,著名的英国数学家凯莱正式询问四色问题是否得到解决。在次年的英国皇家地理学会上,凯莱再次提出了这一问题,并在该会创办的学会会报上发表。这时,四色问题才引起了人们的高度重视,并吸引了一批有才华的人才去研究四色问题。

1879 年,律师出身的坎泊,在《自然》杂志上发表文章宣布他证明了四色猜测。"1880 年"泰特又根据一个错误的猜想——每个平面三次图都有哈密顿圈——也给出了一个证明。但在 11 年后的

1890 年，赫渥特构造了一个图，找出了坎泊证明中的漏洞。而在 66 年以后的 1946 年，著名的图论大师塔特构造了一个没有哈密顿圈的平面三次图，证明了泰特的证明也是错误的。

在 1890 年以后的一个多世纪里，虽有大量的人才去对四色猜测进行研究，但都没有从理论上使四色猜测得到彻底的证明，直到现在，四色猜测是否正确，仍然还是一个迷。

1976 年 6 月，美图的阿贝尔等人宣布他们用高速运转的电子计算机证明了四色猜测，其实质也只是用计算机对近 2 000 个图进行的 4—着色验证，不能算作证明。由于其"证明"不可视，至今也没有得到全世界数学界的公认。

四色猜测自 1852 年提出后 28 年里，也无人知道四色猜测是谁提出的。到了 1880 年，在四色问题引起了人们的高度重视后，法朗西斯的弟弟弗内德里（当时已成为一名物理学家）才在杂志上发表文章说，大约在 30 年前，他当时还是莫根班里的一名学生的时候，他的哥哥法朗西斯首先告诉他地图四色问题，因为他无法解决，所以才去请教他的老师莫根的。28 年过去后，总算找到了猜测的提出人。法朗西斯自己后来也成为一名数学教授，任教于开普敦的南非大学，直到 1899 年去世。可惜他对自己提出的四色猜测并无任何建树。尽管如此，但他却是在 1852 年第一个提出四色猜测的人。

关于赫渥特图能否 4—着色的问题，100 多年来一直没有看到其 4—着色的模式。到了 1992 年，笔者雷明以及董德周，还有英国的米勒等人，分别用不同的方法，均在赫渥特原着色的基础上，对该图进行了 4—着色。后来我国的许寿椿教授等人用自己编写的算法（程序）[1]对未着色的赫渥特图也进行了 4—着色。这都说明了赫渥特图是可 4—着色的，说明了赫渥特指出坎泊的证明有漏洞也是正确的。当时赫渥特与坎泊都不能对赫渥特的这个图进行 4—着色，也没有证明具有赫渥特图特征的图（构形）是可 4—着色（可约）的。

然而赫渥特图只是一个个别的图,不能代表一般,对其4—着色的成功,虽不能说四色猜测就是正确的,但无凝却增强了笔者对四色猜测证明的信心和力量。

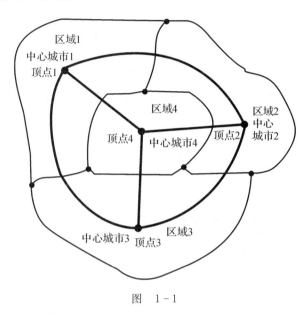

图　1-1

现在,四色问题早已由一个给地图的面(区域)上染色的地理学的问题,转变成了一个给图论中平面图的顶点着色的数学问题了。把地图中各相邻区域的中心城市(顶点)用曲线(边)穿过两个区域的边界线连接起来,就构成了一个平面图(见图1-1)。给平面图顶点的着色也就相当于给地图的区域的染色问题。同样的,也应有任何平面图的色数都不大于4的猜测。这就是数学中的四色问题。

2. 研究四色问题应有的思想方法*

——用坎泊的颜色交换技术证明四色猜测

2.1 把一个无限的问题变成有限的问题

图有平面图和非平面图之分。平面图中又有道路、树、圈、轮、完全图、极大图等多种种类,每一种类中又有无限多的图,每个图的顶点又可以是无限多的,每个顶点的度也可以是无穷多的。四色问题与这些取值是无限多的参数交织在一起,也成了一个无限的问题。

2.1.1 平面图的着色

不管平面图是如何的复杂,着色时总是要一个顶点一个顶点的去着色。当遇到待着色的顶点的相邻顶点已占用完了四种颜色时,总有办法可以把该顶点周围的色圈断开,使这个色圈中减少一种颜色,这就是"破圈"。

2.1.2 破圈着色法

可以把待着色顶点外面的色圈中使用次数最少的颜色的顶点作为切入点,把该顶点的颜色去掉,并把该种颜色给待着色顶点着上。与此同时,又将产生一个或多个新的待着色顶点。新的待着色顶点周围若仍占用完了四种颜色,就再继续的"破圈",否则,新的待

---

* 此文已于 2017 年 1 月 11 日在《中国博士网》上发表过(网址是:http://www.chinaphd.com/cgi—bin/topic.cgi? forum＝5&topic＝3212&start＝0#1)。原文是以与张彧典先生交换意见的形式出现的,收入本书时去掉了与张先生交换意见的部分,并对保留部分的文字稍作了修改,也增加了相关图片。

着色顶点就可用上图中已用过的四种颜色之一进行着色。

2.1.3　待着色顶点的着色

当图中除了待着色顶点外,所有的顶点都已着上了四种颜色中的一种,也不存在相邻两顶点着有同一颜色时,有以下几种情况:

(1)当待着色顶点的相邻顶点所占用的颜色少于四种或者该顶点的度小于等于 3 时,直接就可以给该顶点着上第四种颜色。

(2)当待着色顶点的相邻顶点已占用完了四种颜色,且其度大于等于 6 时,就用破圈法。一直破下去,一定能找到一个新的待着色顶点的度是小于等于 5 的,因为任何平面图中一定存在着至少一个度是小于等于 5 的顶点。

(3)以顶点度小于等于 5 的顶点构成的轮形构形,就是平面图的不可避免构形。轮的中心顶点叫做待着色顶点,用 V 表示,轮沿顶点叫做围栏顶点,简称"围栏"。这些不可避免的构形只要都是可约的,即待着色顶点都可以着上四种颜色之一时,平面图的四色猜测就是正确的。由这些不可避免的构形构成的集合,就是平面图的不可免集。

(4)若最后一个待着色顶点的度是小于等于 4 的,它一定是可以着上四种颜色之一的,因为坎泊已经用他创造的颜色交换技术的三种作用之一──"空出颜色"的交换,证明了这种构形是可约的。

(5)颜色交换技术,就是把由两种颜色交替进行着色的道路(这种道路在着色中叫做色链,简称"链")中各顶点所着的颜色互换,就叫做颜色交换,简称"交换"。把可空出颜色给待着色顶点的交换,即通过交换可以从围栏顶点中空出一种颜色来,给待着色顶点着上的交换就叫"空出颜色"的交换。这种交换一定是从围栏顶点开始的,交换的链是由围栏的两个对角顶点的颜色构成的色链,但该链在这两个对角顶点间必须是不连通的。也就是说在所交换的链中,只可能含有一个顶点是5—轮构形围栏上的顶点,否则是不能空出颜色的。

(6) 在有些平面图中却不一定都存在度小于等于4的顶点,如正二十面体所对应的图,各顶点的度都是5,没有度小于等于4的顶点,因此证明5—轮构形是否可约也就成了一个关键。

2.1.4 5—轮构形

把5—轮构形的轮沿顶点的名称用1、2、3、4、5表示,相应的各顶点所着的颜色用1B、2A、3B、4D、5C表示。这样如图2-1所示的5—轮构形可表示成123—BAB型的5—轮构形(见图2-1)。

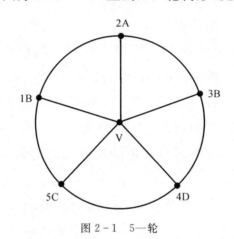

图2-1 5—轮

(1)1879年,坎泊只证明了5—轮构形中的:①无连通链;②只有一条连通链;③有B—C和B—D两条交叉的连通链;④有A—C和A—D两条连通链且有共同的起始顶点2A、但链的中途再没有交叉顶点的四种情况下,5—轮构形都是可约的,而没有证明A—C和A—D两条连通链既有共同的起始顶点2A,且两链在中途又有交叉顶点时的这一情况下,5—轮构形是否可约。这是坎泊证明中的一个疏漏。

(2)在A—C和A—D两链既有共同的起始顶点2A,中途又有相交叉顶点(见图2-2中的顶点8A)的情况中,也有可以同时移去两个同色B,空出B给待着色顶点V着上的构形。如"九点形"构形中的含有A—B环形链〔见图2-2(a)〕,和既不含有A—B环形链,也不含有C—D环形链的情况〔见图2-2(b)和图2-2(c)〕,都可以同时移去两个同色B。还有一种情况〔见图2-2(d)〕,图中含有环形的C—D链,则是不能同时移去两个同色B的构形。这就是坎泊证明中漏掉了的那种构形。

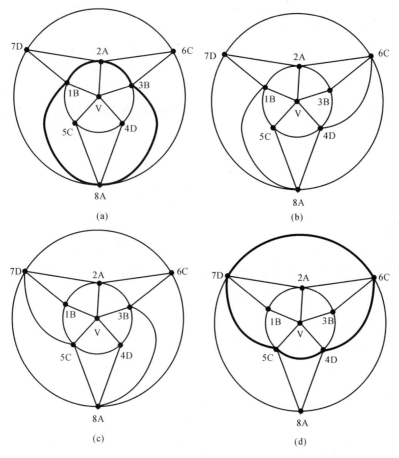

图2-2 "九点形"构形

(a)有环形的A—B链; (b)没有环形链; (c)没有环形链; (d)有环形的C—D链

（3）1890 年，赫渥特构造了一个图，图中的 A—C 和 A—D 两链既有共同的起始顶点 2A，中途又在顶点 8A 处相交叉，该图也是不能同时移去两个同色 B 的。赫渥特就是用这个图指出了坎泊的证明中是有漏洞的，可惜赫渥特和坎泊都并没有把这个漏洞补上。

不能同时移去两个同色 B 是赫渥特图型构形的特点，把这种构形叫赫渥特构形，用 H—构形来表示；而把坎泊已证明是可约的构形和所有可以同时移去两个同色 B 的构形统一叫做坎泊构形，用 K—构形来表示。因此，就目前来看，证明 5—轮构形中的 H—构形是否可约就成了证明四色猜测的一个最关键的问题了。

到此，我们就把一个无限的四色问题变成了一个有限的问题。

2.2　5—轮构形都是可约的

2.2.1　H—构形

（1）H—构形又有四种情况（见图 2－3）：①只含有一条 A—B 环形链的〔见图 2－3(a)和下一篇文章中的图 3－1(a)与图 3－2(a)〕。本文中以下的图都与下一篇《四色猜测是可以手工证明的》（简称《手工证明》）中的图相同，只是表现形式（画法）不同，它们都是拓扑同构的；②只含有一条 C—D 环形链的（见图 2－3(b)和《手工证明》一文中的图 3－1(b)与图3－2(b)）；③既含有 A—B 环形链，又含有 C—D 环形链的这就是敢峰—米勒图，见《手工证明》一文中的图 3－1(e)和图 3－2(e)；④任何环形链都不含的〔见图 2－3(c)、图 2－3(d)和《手工证明》一文中的图 3－1(c)、图 3－1(d)、图3－2(c)和图 3－2(d)〕。以上各构形中只要顶点 6 和顶点 7 之间不是直接相邻时，图就成了可以同时移去两个同色 B 的 K—构形，而不是 H—构形了。

在 H—构形中，A—C 链和 A—D 链是连通的，不能交换，因为它空不出颜色,所以 A、C、D 三种颜色均不可能空出来给待着色顶点 V;而 B—C 链和 B—D 链又不能同时交换,所以也不能空出 B 给待着色顶点 V。但可以想办法破坏连通的 A—C 链和 A—D 链,使其成为不连通的,使构形变成 K—构形而可约。

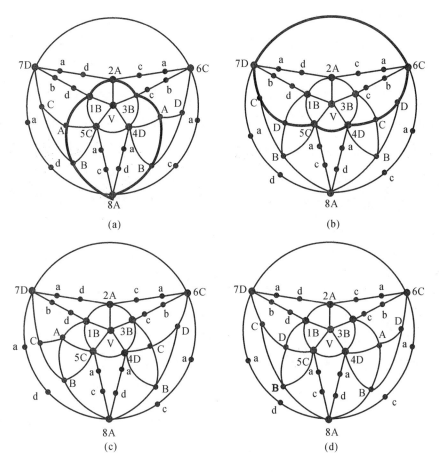

图 2-3

(a)有一条 A—B 环形链; (b)有一条 C—D 环形链; (c)没有环形链; (d)没有环形链

(2)含有 A—B 环形链的构形,A—B 环必然把 C—D 链分成环内、环外互不连通的两部分〔见图 2-3(a)〕,交换环内、环外的任一部分 C—D 链,都可以使 A—C 链和 A—D 链断开。使构形变成为

— 9 —

既不含有连通的 A—C 和 A—D 交叉链,又可以同时移去两个同色 B 的 K—构形〔图 2-3(a)就可以变成这种构形,具体操作见《手工证明》一文中的图 3-5〕。这种情况与含有 A—B 环形链的"九点形"〔见图 2-2(a)或图 2-3(a)中去掉小黑点顶点后的图〕构形则是不同的。这里的含有 A—B 环形链的构形是不能移去两个同色 B 的,而"九点形"构形则是可以同时移去两个同色 B 的构形。所以含有 A—B 环形链的"九点形"构形是属于 K—构形一类。

(3)含有 C—D 环形链的构形,C—D 环也必然把 A—B 链分成环内、环外互不连通的两部分〔见图 2-3(b)〕。交换环内、环外的任一部分 A—B 链,也都可以使 A—C 和 A—D 链断开。使构形变成为既不含有连通的 A—C 和 A—D 交叉链,但又不可以同时移去两个同色 B,而只能移去 A、C、D 三色之一的 K—构形〔图 2-2(d)和图 2-3(b)都可以变成这种构形,具体操作见《手工证明》一文中的图 3-6〕,赫渥特图就是这样着色的,这就是赫渥特图型的 H—构形。这种情况与含有 C—D 环形链的"九点形"构形〔见图 2-2(d)或图 2-3(b)中去掉小黑点顶点后的图〕的解法是相同的,用的都是断链法。因此含有 C—D 环形链的"九点形"构形却是一个 H—构形而不是 K—构形。

(4)既含有 A—B 环形链,又含有 C—D 环形链的构形〔见《手工证明》一文中的图 3-1(e)和图 3-2(e)〕,其着色方法与图 2-3(a)相同,可以交换 A—B 环内、环外的任一条 C—D 链,就可以使图变成为 K—构形。敢峰-米勒图就是这样着色的,所以敢峰-米勒图是一个 H—构形。但这种构形却不以可交换 C—D 环内、环外的任一条 A—B 链,因为这样的交换不能使图变成为 K—构形,而仍然是有两种环形链的 H—构形。因此,只能把这种构形归入以上图 2-3(a)一类中。该图虽具有以上两类构形的特点,但解决的办法又只能用其中图 2-3(a)一种构形的解决办法。

(5)这里虽然用的也是坎泊的颜色交换技术，但其交换的目的却不是为了空出颜色，而是为了"断链"，这就是坎泊的颜色交换技术的第二种作用——"断链"的作用，因此叫做"断链交换"。这种交换并不是为了空出颜色给待着色顶点，而是为下一步空出颜色的交换作好技术上的准备。

这种断链交换可以是从非围栏顶点(即非 5—轮的轮沿顶点)开始的，交换的链中不含有 5—轮的轮沿顶点，如图 2-2(d)和图 2-3(b)所示的从顶点 8A 开始的 A—B 链的交换，以及图 2-3(a)中从顶点 6C(或 7D)开始的 C—D 链的交换；也可以是从 5—轮的轮沿顶点开始，但交换的链中至少含有两个以上的顶点是 5—轮的轮沿顶点，如图 2-2(d)和图 2-3(b)所示的从顶点 2A 开始的 A—B 链的交换，以及图 2-3(a)从顶点 4D(或 5C)开始的 C—D 链的交换。

(6) 在 H—构形中，唯独不含 A—B 和 C—D 任何一种环形链的构形〔见图 2-3(c)和图 2-3(d)〕是不能用这种"断链"的方法处理的，这就是张彧典先生的第八构形[2]，我们叫它 Z—构形，因为它是类似于张彧典先生的第八构形型的 H—构型。

2.2.2 Z—构形

(1)Z—构形的特点。在不含任何环形链的 H—构形——Z—构形中，A—C 链和 A—D 链都是连通链，不能交换；A—B 链和 C—D 链也都是直链，且只有一条，也不能交换，即就是交换了，也只等于整个链中的两种颜色互换了一下位置，不起任何作用；B—C 链和 B—D 链又不能同时交换。那么我们就只能先交换一个关于 B 的链。

(2)转型交换。从任一个同色顶点 B 进行交换时，5—轮构形的类型就会发生改变:若从顶点 1 交换了 B—D 链,构形就由原来的 123—BAB 型变成了 451—DCD 型了(见《手工证明》一文中的图 3-7);若从顶点 3 交换了 B—C 链,则构形也由原来的 123—BAB 型变成了 345—CDC 型了(见《手工证明》一文中的图 3-8)。虽然也是在进行坎泊的颜色交换,但交换的目的却是在于使构形进行转型而不是为了空出颜色,所以把这种交换叫做"转型交换"。注意,这种转型的交换也是从围栏顶点开始的,并且必须是从两个同色 B 中的一个同色顶点 B 开始的。

(3)从"九点形"构形看,不含任何环形链、但可以同时移去两个同色 B 的构形〔见图 2-2(b)和图 2-2(c)〕与 H—构形〔见图 2-2(d)〕是可以相互转化的;而 Z—构形与"九点形"中可以同时移去两个同色 B 的构形又有相同的特点,即 A—B 链和 C—D 链都是直链且只有一条,它一定也应是可以转化为类似图 2-3(b)一类 H—构形的〔见《手工证明》一文中的图 3-8,图 3-10,这两个图都说明了这一点〕。由于图 2-3(b)一类 H—构形是可约的,当然可以转化为这类 H—构形的 Z—构形也就一定是可约的了。同时,Z—构形也是可以转化成可以连续的移去两个同色的 K—构形的〔见《手工证明》一文中的图 3-7 和图 3-9〕。

(4)到此,坎泊的颜色交换技术的三种作用都已经涉及到了。现在还要说明的一点是:当图是可以同时移去两个同色 B 的构形时,一定是要进行两次交换才能达到同时移去两个同色 B 的目的。第一次交换是属于转型交换,把 123—BAB 型的构形转化成为 451—DCD 型的构型,或者转化成为 345—CDC 型的构形。而第二次交换则是属于空出颜色的交换。空出来的颜色 B 对于原来 123—BAB 型的构形来说,是两个同色的 B,而对于新的构形类型来说,则是新构形中的两个同色 C 或 D 之外的 B。

到此,我们也就证明了所有的 5—轮构形都是可约的。

2.3　四色猜测是正确的

综上,平面图的所有不可免的构形都是可约的了,当然平面图的四色猜测也就是正确的了;平面图的顶点着色又相当于是对地图的面的染色,这也就证明了地图的四色猜测也是正确的;这就证明了四色猜测是正确的。

3. 四色猜测是可以手工证明的*

——从 H—构形不可免集的完备性上证明四色猜测

目前,研究四色问题,主要只应该研究 H—构形是否可约就行了。研究 H—构形的可约性问题,首先要知道 H—构形有多少种,它的不可免集是什么,有多大。并且要明确什么是 H—构形,才能构造出不同结构的 H—构形来。

H—构形的定义:H—构形应该是既含有两条相交叉的连通链(两链有共同的起始顶点)的构形,又不能同时移去两个同色(H—构形是一个 5—轮构形,其五个轮沿顶点中一定是有两个顶点是用了同一种颜色的)的构形。H—构形只是坎泊的不可免构形集中的 5—轮构形中的一种,也就是坎泊证明中所漏掉的、还未证明是否可约的那一种构形。简单地说,H—构形就是不能直接通过空出颜色的交换空出一种颜色给待着色顶点的构形。

3.1 H—构形的不可免集

根据 H—构形的定义及其特征,笔者构造出了如下五种不同结构类型的 H—构形。在这里,笔者用了两种不同形式的画图方法:一是英国的米勒所使用的待着色顶点是隐形的画法(见图 3 - 1);二

---

　　* 此文已于 2017 年 1 月 25 日以《从构形结构角度研究 H—构形的不可免集及其不可免构形的可约性》为题曾在《中国博士网》上发表过(网址是:http://www.chinaphd.com/cgi－bin/topic.cgi? forum＝5&topic＝3226&start＝0♯1)。收入本书前题目改成了《四色猜测是可以手工证明的》,并作了部分修改,于 2017 年 1 月 28 日在《中国博士网》上发表(网址是:http://www.chinaphd.com/cgi－bin/topic.cgi? forum＝5&topic＝3229&start＝0♯1)。

是我国的张彧典先生所使用的待着色顶点是显形的画法(见图3-2)。这两个 H—构形的不可免集实质上是同一个集合,只是图的画法不同而已。从这两个集合来看,好像是都有五个元素(构形),而实际上却只有三个不可免构形。

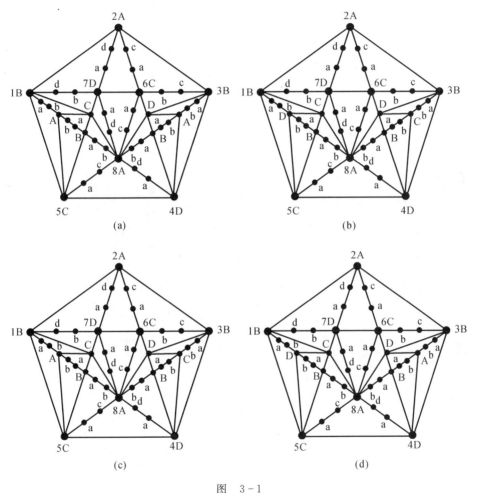

图 3-1

(a)有一条 A—B 环形链; (b)有一条 C—D 环形链;

(c)无任何环形链(左); (d)无任何环形链(右)

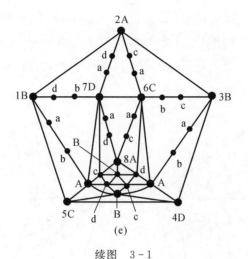

续图 3-1

(e)有 A—B,C—D 两条环形链

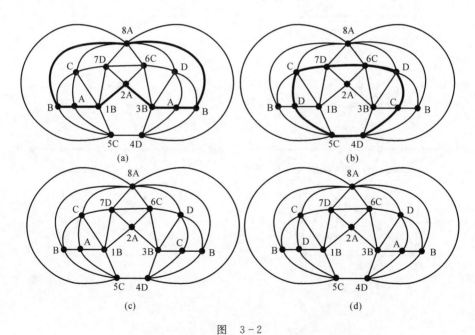

图 3-2

(a)有一条 A—B 环形链; (b)有一条 C—D 环形链;

(c)无任何环形链; (d)无任何环形链;

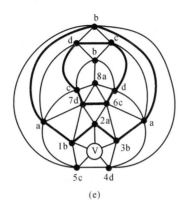

(e)

续图 3-2

(e)有 A—B,C—D 两条环形链

在以上 H—构形的不可免集中,明明画了五个构形,为什么又说实际上只有三个呢? 这是因为在图 3-1 和图 3-2 两图中,(a)图中有一条环形的 A—B 链,(b)图中有一条环形的 C—D 链,(c)图和(d)图中都既没有环形的 A—B 链,也没有环形的 C—D 链,而且两图的结构正好是左右相反的,故实际上应该是同一类构形;(e)图就是敢峰-米勒图,图中虽然既有 A—B 环形链,又有 C—D 环形链的构形,但只可归入(a)图一类构形中,不可归入(b)图一类构形中。因为,这里所说的 A—B 链和 C—D 链都是指经过了 5—轮轮沿顶点的链,而这里的 C—D 链是不经过 5—轮的轮沿顶点的,所以它不能归入(b)图一类构形。因此,(e)图也不是一类单独的构形。这样,集合中的构形数目,就只有(a)图、(b)图、(c)〔或(d)〕图的三类构形了。这就是笔者所构造的 H—构形的不可免集,其中只有三个元素,即三个构形。

3.2　H—构形不可免集完备性的证明

（1）这三个构形从有没有环形链的角度来分：图 3-1 和图 3-2 中的（a）（b）（e）三个图中皆有环形链，（c）（d）两图中皆没有环形链。从环形链的条数角度来分：（c）（d）两图中都是 0 条，（a）（b）两图中都是 1 条，（e）图是大于一条的代表。从环形链的种类角度来分：（a）图中只有 A—B 一种环形链，（b）图中只有 C—D 一种环形链，（c）（d）两图是 A—B 和 C—D 两种环形链都没有的构形，（e）图是 A—B 和 C—D 两种环形链都有的构形。除了从这些角度分析外，就再没有别的种类的环形链分布模式了。

（2）这三个构形中的 A—C 链和 A—D 链都是连通链，都与待着色顶点一起构成了一个环或圈（连通链的本身是不能成为环或圈的）。由于 A—C 链和 A—D 链的连通性，则与其相反的 B—D 链和 B—C 链就不可能再是连通的了。而 B—D 链和 B—C 链，也只能交换一个，不能同时交换。所以说，在由 A、B、C、D 四种颜色所能构成的 A—B、A—C、A—D、B—C、B—D 和 C—D 六种链中，上述这四种链已经固定，不能变动，那就只有变动另外的两种，即 A—B 链和 C—D 链。

（3）A—B 链和 C—D 链可以是直链（道路），也可以是环形链（圈链）。当 A—B 链和 C—D 链都是直链时，就是（c）〔或（d）〕类；当 A—B 链是环形链而 C—D 链是直链时，就是（a）类；而当 C—D 链是环形链而 A—B 链是直链时，就是（b）类；当 A—B 链和 C—D 链均既有环形链部分，又有直链部分时，就是敢峰-米勒图类的构形。

张彧典先生的《四色问题探秘》一书中的图 8.2 有一个 A—B 链是一条直链和多条环形链，C—D 链是一条环形链和多条直链的一种情况。除此之外还有没有 A—B 链是一条环形链和多条直链，

C—D链是一直条链和多条环形链的情况,或者 A—B 链和 C—D 链都是多条环形链和多条直链的情况呢?

首先要注意:我们这里所说的 A—B 环形链和 C—D 环形链主要是指分别经过顶点 1B—2A—3B 的 A—B 环形链和经过顶点 4D—5C 的 C—D 环形链,并不是指别的环形链。从图 3 - 1 和图 3 - 2 中都可以看出,经过 1B—2A—3B 三个顶点的 A—B 环形链和经过 4D—5C 两个顶点的 C—D 环形链,可同时存在,但不可能相互交叉。因为两条链是颜色完全不同的相反链,是不可能相互穿过的。

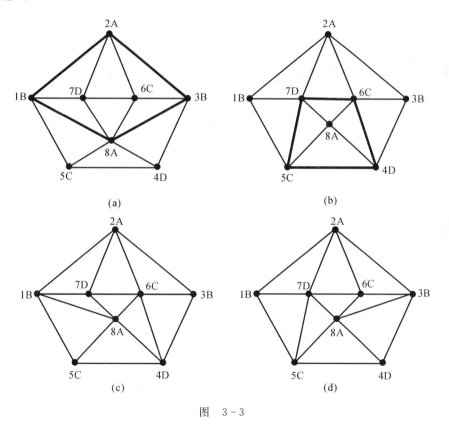

图　3 - 3

可以说以上所提出的"A—B 链是一条环形链和多条直链,C—

D链是一条直链和多条环形链的情况,或者 A—B 链和 C—D 链都是多条环形链或多条直链的情况"都可能会存在。若 A—B 链和 C—D 链全部都是直链时,就是(c)〔或(d)〕类构形;而当 A—B 链和 C—D 链只要有一种环形链出现时,就分别属于(a)类构形和(b)类构形;而当只经过 1B—2A—3B 的 A—B 环形链和只经过 4D—5C 的 C—D 环形链同时存在且出现多次,这就是敢峰-米勒图型的构形,这种构形有些应归入(a)类,有些则应归入(b)类。

（4）以上图 3－1 和图 3－2 中的构形,当顶点数减少到九点形图时,分别就变成了图 3－3 和图 3－4 中所对应的各图。图 3－1 和图 3－2 中的(e)也就变成了图 3－3 和图 3－4 中的(a)和(b)。图 3－3 和图 3－4 中的这四个图除了(b)仍是 H—构形外,其他的三个图都已变成了可以同时移去两个同色 B 的 K—构形了。

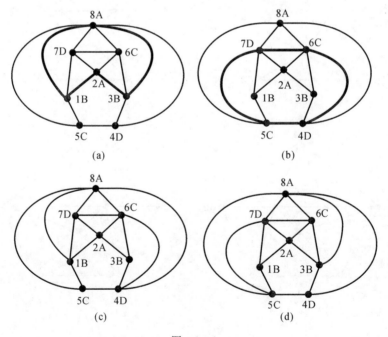

图　3－4

(5)在图3—1和图3—2的构形中,除了5—轮的5条轮沿边、轮幅边和7D—6C边只能是单边外,其他的任何边又都可以看成是由其两个端点顶点的颜色所构成的色链,即其中还可以含有别的顶点。但如果在7D—6C边中还有别的顶点时,图就变成了可以同时移去两个同色B的K—构形,而不再是H—构形了。关于这一点,读者可以自己画图试一试,看是不是可以同时移去两个同色B。

(6)到此,就证明了再也没有别的构形是H—构形了(四种颜色所能构成的六种色链中,四种已固定,不能再变动,可以变动的只有两种,这两种链的各种情况都已经考虑到了),这就证明了我们上面的图3—1和图3—2的H—构形不可免集是完备的。

3.3 不可免的H—构形可约性的证明

H—构形与K—构形的不同,主要是由其中A—C和A—D两条交叉的连通链而引起的。不但A—C链和A—D链都是不能交换的,同时,也不能同时移去两个同色B,所以说B—C链和B—D链也是不能交换的。因此,在解决这一类图的着色问题时,我们首先想到的就是能不能把连通的A—C链和A—D链断开,使其变成坎泊的K—构形。只要图变成了K—构形,当然也就可约了。

(1)对于图3—2(a)的构形(由于图3—1和图3—2的各对应构形都是相同的,所以我们下面的研究就只以图3—2为准),由于A—B链是环形的,所以它把C—D链分成了环内、环外互不连通的两部分。又由于环形的A—B链交换后不起任何作用,故而现在就只有一种C—D链是可以交换的。当交换了经过4D和5C(或经过6C和7D)的C—D链后,就可使连通的A—C链和A—D链断开。使图变成为既不含有连通的A—C和A—D交叉链,又可以同时移去两个同色B的坎泊K—构形而可约(见图3—5,之后的交换,就得按 K—构形的"空出颜色"的交换进行,只要使待着色顶点周围的顶点所占用的颜色总数由四种减少到三种就可以了。这就属于坎泊的证明范围了,在此不再画图)。把具有这种特点的构形,就叫(a)类构形或第①类构形。

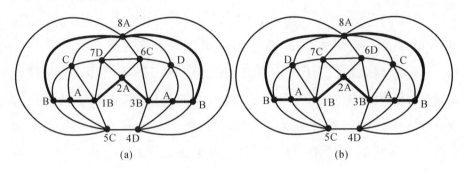

图 3-5

(a)有一条 A—B 环形链; (b)交换 6 和 7 的 C—D 成为可同时移去两个同色 B 的 K—构形

(2)对于图 3-2(b)的构形,由于有 C—D 链是环形的,所以它也把 A—B 链分成了环内、环外互不连通的两部分。且由于环形的 C—D 链不可交换,所以现在也只有一种 A—B 链是可以交换的了。当交换了经过 1B、2A 和 3B(或经过 A—C 和 A—D 两链的交叉顶点 8A)的 A—B 链后,也就可使连通的 A—C 链和 A—D 链断开。使图变成为不含有连通的 A—C 和 A—D 交叉链,但却含有连通的且交叉的 B—C 链和 B—D 链,使图成为一个不可同时移去两个同色 B,而只可移去 A、C、D 三色之一的 K—构形而可约(见图 3-6,之后的交换同样也属于坎泊的证明范围。如果我们不画出构形最外面的 8A 到 5C 和 8A 到 4D 的两条边,则交换 A—B 链后,构形就变成了既没有连通的 A—C 和 A—D 交叉链,又可以同时移去两个同色 B 的坎泊 K—构形)。赫渥特图的 4—着色就是用这种方法解决的。把具有这种特点的构形,我们称为类赫渥特图型的 H—构形,或称(b)类构形或第②类构形。

— 22 —

（3）以上（1）和（2）中的交换办法，笔者称为"断链交换"法，是坎泊所创造的颜色交换技术的又一种应用。而坎泊在证明中只用了他所创造的颜色交换技术的一种应用，即"空出颜色"的交换。

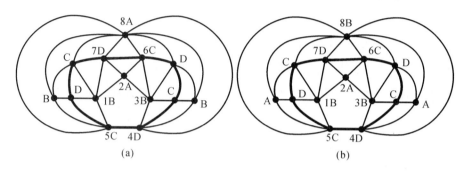

图 3 - 6

(a)有一条C—D环形链；(b)从8交换A—B,成为无交叉链的K—构形

（4）对于图3-2(e)的构形，该图中有环形的A—B链，它把C—D链分成了环内、环外互不连通的两部分，是属于(a)类构形。当交换了经过4D和5C的C—D链后，就可使连通的A—C链和A—D链断开，成为坎泊的K—构形而可约（敢峰—米勒图的4—着色就是用这种办法解决的）。虽然该图也含有环形的C—D链，但却不是经过了5—轮的4D和5C两个轮沿顶点的C—D环形链，不属于b类构形，是不可以用解决(b)类构形的办法解决的。

（5）如何才能准确无误的对既有A—B环形链，又有C—D环形链的图进行4—着色？首先要看图是属于哪种类型的构形，若图是BAB(或ABA)型的(a)类构形，就需要以A—B环形链为主环，交换A—B环内或外的一条C—D链；若图是BAB(或ABA)型的(b)类构形，就需要以C—D环形链为主环，交换C—D环内或环外的一条A—B链；若图是DCD(或CDC)型的(a)类构形，就需要以C—D环形链为主环，交换C—D环内或环外的一条A—B链；若图是DCD(或CDC)型的(b)类构形，就需要以A—B环形链为主环，交换A—

B 环内或环外的一条 C—D 链。两种不同情况的交换方法正好是相反的。

（6）对于图 3-2 的(c)和(d)，由于其中没有环形链，A—B 链和 C—D 链均是直链（即是一条道路），且各只有一条，故而即使交换了，也不起任何作用，图仍不会变成 K—构形。而 B—C 链和 B—D 链又不能同时交换，不能同时移去两个同色 B。没办法，我们就只好先交换 B—C 链和 B—D 链中的一种，先移去一个 B，使图由 123—BAB 型转化成为 451—DCD 型或 345—CDC 型。然后，再视转型后的图的类型再进行研究。把具有这种特点的构形，就叫(c)类构形或第③类构形。

（7）对于图 3-2(c)和图 3-2(d)转型交换的结果，从不同的两种方向交换看，不同的交换方向有不同的交换结果：一种是转化成可以同时移去两个同色 C（或 D）的 K—构形〔见图 3-7，图中仍有两条连通的交叉链 D（或 C）—A 和 D（或 C）—B〕；另一种是转化成了类似图 3-2(b)的、有一条经过 5—轮的两个轮沿顶点的环形链的类赫渥特图型的 H—构形〔见图 3-8(b)。该构形是可以通过断链交换转化成坎泊的 K—构形的，如 3.3(2)中所述〕。转型交换后，所转化成的两种构形都是可约的。

（8）这里所说的交换，具有转换构形类型的作用，笔者称其为"转型交换"法，这又是坎泊的颜色交换技术的第三种应用。实际上，上面 3.3(3)中所说的"断链交换"交换的结果，也使构形类型发生了改变，也是一种"转型交换"，二者统一叫作"转变类型的交换"。

（9）还有一种情况，无论是(a)类、(b)类还是(c)类 H—构形，有可能 A—C 链或 A—D 链中的某一顶点 A 或 C（或 D），分别是处在一个用 C，D（或 A，B）两种颜色给轮沿顶点着色的 4—轮的中心顶点。这时把 A 点的颜色换成 B 色，或把 C（或 D）点的颜色换成 D（或 C）色，将会使连通的 A—C 链和 A—D 链中的一条断开，整个构形将变成一个只有一条连通链的 K—构形而可约。同样的,改变某些这样的顶点的颜色,还可以使构形在有环形链和无环形链间进行转化,这都为解决 H—构形的着色问题创造了条件。

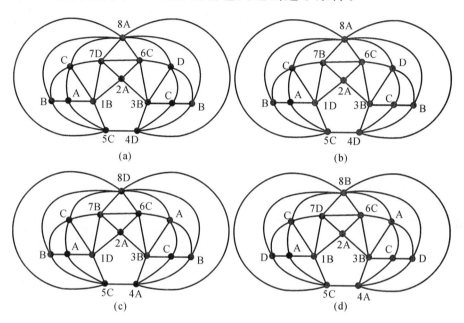

图　3-7

(a)无任何环形链;　(b)从 1 交换 B—D;

(c)从 4 交换 D—A,移去一个 D;　(d)从 1 交换 D—B,移去第二个 D

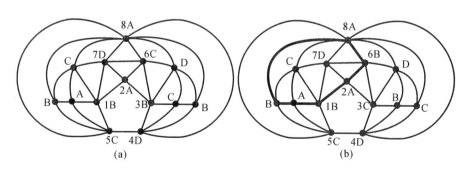

图　3-8

(a)无任何环形链;　(b)从 3 交换 B—C,成为有环形链 A—B 的赫渥特图型的 H—构形

3.4 有环形链的 H—构形一定可以通过"断链"交换转化成K—构形的证明

3.4.1 有A—B环形链的构形通过断链交换可转化成 K—构形的证明

从图 3-1 和图 3-2 中都可以看出,A—C 和 A—D 两链的末端顶点——五边形的顶点 4D 与 5C 是直接相邻的,两链中的顶点 6C 和 7D 也是直接相邻的。因此只要有经过 2A(两链的共同起点)或 8A(两链的交叉顶点)的、对于构形的对称轴(2A、8A 以及 5C—4D 边的中点的连线)是对称的 A—B 环形链,顶点 4D 与 5C,6C 与 7D 就一定是各分布在 A—B 环形链(圈)一侧。交换经过顶点 4D 与 5C 或 6C 与 7D 的 C—D 链,就可以使两条连通的 A—C 链和 A—D 链同时断开,使图转化成为 K—构形而可约。敢峰-米勒图就是这样着色的。

3.4.2 有C—D环形链的构形通过断链交换可转化成 K—构形的证明

从图 3-1 和图 3-2 中可以看出,连通的 A—C 链和 A—D 链至少有顶点 2A 和顶点 8A 是该两链的公共顶点(如果没有这两个公共顶点,图也就不可能再是 H—构形了),因此,只要有经过顶点 5C 和 4D 或者经过 6C 和 7D 的 C—D 环形链(其一定也是对称于构形的对称轴的),顶点 2A 与 8A(两条连通链的共同起始顶点和交叉顶点)也都一定是各处在 C—D 环形链(圈)一侧。交换经过顶点 2A 或 8A 的 A—B 链,也就可以使两条连通的 A—C 链和 A—D 链同时断开,使图形转化成为 K—构形而可约。赫渥特图就是这样着色的。

3.4.3 用断链法要注意的问题

用以上的两种断链方法对图 3－1(a)和图 3－2 的(a)以及图 3－1(b)和图 3－2(b)着色时,要注意的是两种构形断链时所用以交换的链是不同的。如在图 3－2(a)中有环形的 A—B 链,交换的是 C—D 链;而在图 3－2(b)中有环形的 C—D 链,交换的则是 A—B 链。赫渥特图中只有环形的 C—D 链,所以其只有一种断链的方法,只能任意交换环形的 C—D 链两侧的 A—B 链,使图变成 K—构形;而敢峰-米勒图中只有环形的 A—B 链经过了 1B、2A 和 3B 符合条件,而环形的 C—D 链却没有经这 4D 和 5C,不符合条件。所以其只可以任意的交换环形 A—B 链两侧的 C—D 链,使图变成 K—构形而可约。

到此,就证明了有环形链的 H—构形一定是能够转化成为坎泊的 K—构形的。

3.5 无环形链的 H—构形也一定可以通过 "转型"交换转化成K—构形的证明

在图 3－1 和图 3－2 的(c)和(d)两图中都有两个 4—度的顶点,分别位于 A—B 链和 C—D 链上,若把这种顶点分别改着成其相反色链的颜色(改着单个顶点也是一种交换),图就会变成如图 3－1 和图 3－2 的(a)和(b)一样的有环形链的构形。图 3－1 和图 3－2 的(c)右边的 4—度顶点 C 改着 A 时,就成了 3－1 和图 3－2 的(a),有环形的 A—B 链,而左边的 4—度顶点 A 改着 D 时,则就成了 3－1和图 3－2 的(b),有环形的 C—D 链。图 3－1 和图 3－2 的(d) 左边的 4—度顶点 D 改着 A 时,也就成了 3－1 和图 3－2 的(a),也有环形的 A—B 链。右边的 4—度顶点 A 改着 C 时,也就成了 3－1

和图 3-2 的(b)，也有环形的 C—D 链。但这样的 4—度顶点在有些该类构形中却并不一定都存在，所以为了避免这一现象，还需再用转型交换法再来进行证明以补充。

3.5.1 无环型链的 H—构形可以转化成可以同时移去两个同色的 K—构形的证明

(1)从图 3-4 中可以看出，之所以图 3-4(a)、图 3-4(c)和图 3-4(d)可以同时移去两个同色 B，是因为两个同色顶点 1B 和 3B 中至少有一个 B 色顶点到 A—C 链和 A—D 链两链的交叉顶点 8A 有一条连通的 B—A 边〔见图 3-4 中的(a)(c)(d)图〕。以致于从 1B 交换了 B—D 后，便生成了从顶点 8A 到顶点 1D 的 A—D 边，使得从 3B 到 5C 不可能再有连通的 B—C 链；而从 3B 交换了 B—C 后，则生成了从顶点 8A 到顶点 3C 的 A—C 边，也使得从 1B 到 4D 不可能再有连通的 B—D 链；从而可以同时移去两个同色 B。读者可以对图 3-4 中的(a)(b)(c)三图进行交换，试试看是否可以同时移去两个同色 B。

(2) 现在看看图 3-1 和图 3-2 中的无环形链的 H—构形在施行了一次转型交换后，是不是与图 3-4(a)有同样的结果呢？对图 3-2(c)的构形从 1B 施行了一次逆时针转型交换后得到图 3-9(a)，是一个 DCD 型的 5—轮构形。图 3-9(a)中 C—A 链和 C—B 链的交叉顶点是 6C(即图中加大的顶点)，5—轮轮沿顶点中用了两次的颜色是 D，分别是 1D 和 4D。从 4D 到 6C 有一条 D—C 链(即图中加粗的边)；当从顶点 4 再交换 D—A 后，便生成了从 4A 到 2A 的 A—C 连通链〔如图 3-9(b)中加粗的边链〕，使得从顶点 1D 到 3B 不可能再有连通的 D—B 链，从而可以再从 1D 交换 D—B，同时移去两个同色 D。这就证明了无环形链的 H—构形是一定可以转化成为可以同时移去两个同色 D 的 K—构形的。对图 3-1(d)和图

3-2(d)的构形从 3B 施行了一次顺时针转型交换后,得到的是一个
CDC 型的 5—轮构形,也有同样的结果,也是可以同时移去两个同
色 C 的 K—构形。

这里还要注意的是,图 3-2 中我们用的构形是一个具体的极
大图,若是像图 3-1 中的非具体图的构形时,则从第二次转型(即
从 4D 交换 D—A 链)起,则可在平面图范围内,尽量地构造从另一
个 D 点(1D)到其对角有连通的 D—B 链,直到以后的某次转型交换
后,在平面图范围内再也不能构造出这样的连通链为止。最多也只
需要交换 6 次就可给待着色顶点空出颜色来(图读者可自己动手画一
画,看是否是可以空出颜色来的)。交换的次数是有限次。

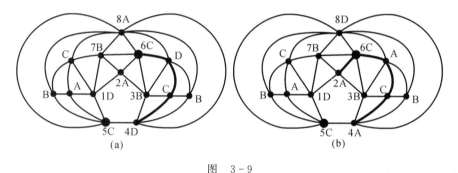

图　3-9

(a)图 2,c 从 1 交换 B—D,交叉点 6 到 4 有一条 C—D 链;

(b)从 4 交换 D—A,生成从顶点 2 到 4 的 A—C 链

3.5.2　无环形链的 H—构形可以转化成类赫渥特图型的 H—构形,再转化成坎泊的 K—构形的证明

在图 3-1 和图 3-2 的(c)(d)构形中,有通过顶点 2A—1B…
8A—6C—2A(或 2A—3B…8A—7D—2A)的、且有缺口是 6C(或
7D)的 A—B 圈〔见图 3-10(a)中加粗的边链〕,当对图 3-2(c)从顶
点 3 交换 B—C〔或对图 3-2(d)从顶点 1 交换 B—D〕时,顶点 6C 变
成了 6B(或顶点 7D 则变成了 7B),就形成了一条完整的环形的 A—

— 29 —

B 链〔见图 3-10(b)中加粗的环形链〕。把 C—D 链分成了环内、环外互不连通的两部分,构形具有了图 3-1 和图 3-2 的(b)的特点了。是一个 345—CDC 型或 451—DCD 型的类赫渥特图型的 H—构形,一定是可以转化为 K—构形的。共计只需要交换三次就可以解决问题,没有大于 6 次。

同样的,若不考虑已经生成的环形 A—B 链而变成了第二类构形,只在交换了一个关于同色的链之后,平面图范围内尽量的构造从另一个同色顶点到其对角顶点的连通链,直到构造不出来为止,最多也只用 6 次交换就可解决问题,也没有大于 6 次。

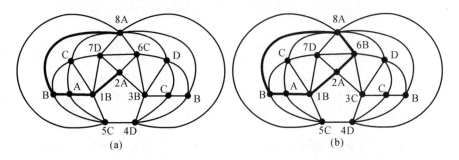

图 3-10

(a)无任何环形链,有一个缺口 A—B 环链; (b)从 3 交换 B—C,生成了全环形的 A—B 链

到此,就证明了无环形链的 H—构形一定是能够转化成为坎泊的 K—构形的,同时也证明了各类 H—构形都是可以转化成可约的 K—构形的。在前文的 3.3(7)中,是从着色的实践中已经证明了无环形链的 H—构形是可以通过"转型"交换,可以转化成可以连续的移去两个同色 C(或 D)的 K—构形(见图 3-7),或者转化成类似图 3-2(b)的、有一条经过了 5—轮的两个轮沿顶点的环形链的类赫渥特图型的 H—构形〔见图 3-8(b)〕。这些都是可以进行 4—着色的。并且在 3.5.1 和 3.5.2 中也从理论上分别证明了无环形链的 H—构形是可以转化成上述两种构形的,也都是可约的(见图 3-9 和图 3-10)。

3.5.3 A—B 链和 C—D 链都是轴对称的(c)类 H—构形的解法

以上的研究中,在 a 类和 b 类 H—构形中的 A—B 链和 C—D 链都是轴对称的,而只有 c 类 H—构形中的 A—B 链和 C—D 链是非对称的。1935 年美国人 Irving Kittell 构造的地图〔如图 3 - 11 (a),该图原出于 Irving Kittell 的文章《对已部分染色地图的一组操作》,该文刊载于《美国数学学会会刊》1935 年第 41 卷第 6 期第 407—413 页〕,就是一个 A—B 链和 C—D 链是对称的(c)类 H—构形的代表。图 3 - 11(b)和图 3 - 11(c)都是图 3 - 11(a)的对偶图,只是不同的两种画法而已。两个图中都有 A—B 链的一部分作 A—B 链和 C—D 链的对称轴。

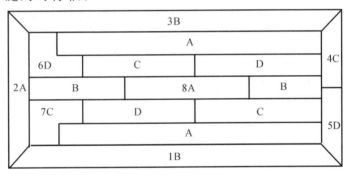

(a)

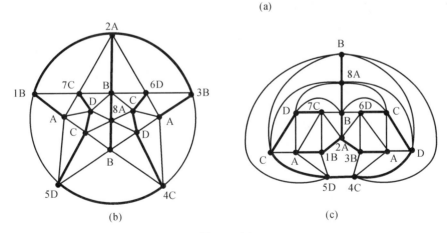

(b)　　　　　　　　(c)

图　3 - 11

　　解决图 3－11(c)这种构形〔因为图 3－11(b)与图 3－11(c)是同一个图的两种不同的画法，所以就以图 3－11(c)为例进行着色〕，必须进行三次同方向的连续的转型交换，才能使图转化为既有经过5—轮的三个轮沿顶点的环形链〔见图 3－12(c)中的 C—D 环形链〕，又有经过5—轮的两个轮沿顶点的环形链〔见图 3－12(c)中的A—B 环形链〕，既是(a)类 H—构形，又是(b)类 H—构形的构形。再按(a)类 H—构形或(b)类 H—构形的解决办法去处理即可。总共只需要进行 6 次交换即可解决问题。

　　这种构形当顶点数减少到九点形时，就成了可以连续的移去两个同色 B 的 K—构形了〔见图 3－12(d)〕。

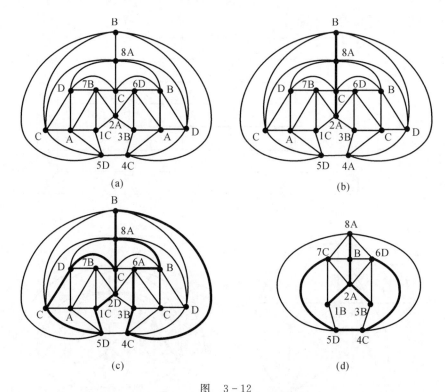

图　3－12

(a)一次转形交换；　(b)二次转形交换；　(c)三次转形交换；　(d)几点形 C 类构形

图 3 - 11 的对称的(c)类 H—构形着色时也没有超过该类构形的最多交换次数 6。实际上前两次转型交换就是把轴对称的构形转化成不对称构形的过程。

3.5.4 H—构形与九点形构形的关系

(a)类 H—构形顶点减少到九点形时,就是图 3 - 3(a)和图 3 - 4(a),变成了可同时移去两个同色 B 的 K—构形;(b)类 H—构形顶点减少到九点形时,就是图 3 - 3(b)和图 3 - 4(b),仍然是(b)类 H—构形;非对称的(c)类 H—构形顶点减少到九点形时,就是图 3 - 3(c)或(d)和图 3 - 4(c)或(d),也是可同时移去两个同色 B 的 K—构形;对称的(c)类 H—构形顶点减少到九点形时,也就成了图 3 - 12(d)的可同时移去两个同色 B 的 K—构形。

3.6　四色猜测的证明

以上的 H—构形不可能再有别的情况了,该不可免集已经是完备的了,其中的各个不可免构形也都证明是可约的,那么再加上坎泊在 1879 年所证明了的结果,说明了平面图的不可免构形都是可约的。这就证明了平面图的四色猜测是正确的。由于给地图的面的着色就是给其对偶图——极大平面图的顶点着色,因此也就证明了地图的四色猜测是正确的。又因为极大平面图经去顶或减边后,所得到的任意平面图的色数只会减少而不会增加,所以,这也就证明了任意平面图的四色猜测是正确的。

通过证明,可以看出,在解决坎泊的 K—构形时,交换的都是 5—轮(包括 4—轮)的对角顶点所构成的对角链;而解决赫渥特的 H—构形时,交换的都是 5—轮的邻角顶点所构形的邻角链。因此也可以把对角链叫做坎泊链(即 K—链),把邻角链叫做赫渥特链(即 H—链)。

通过证明，还可以看出，用给构形中的待着色顶点着上四种颜色之一，来证明四色猜测的方法，实际上也就是数学归纳法。待着色顶点以外的 n 个顶点已经是可 4—着色的，相当于归纳法中的 k，加上待着色顶点后，就是 $n+1$ 个顶点了，也就相当于归纳法中的 $k+1$，这 $n+1$ 个顶点的构形能够 4—着色，那么任意多顶点的构形也就能进行 4—着色了。

4. 无割边的 3—正则平面图是可 3—边着色的,四色猜测正确 [*]

——用泰特猜想证明四色猜测

4.1 泰特猜想是正确的

1880 年泰特提出的猜想是:无割边的 3—正则平面图的可 3—边着色,等价于其可 4—面着色。因为地图就是一个无割边的 3—正则平面图,所以说,如果泰特猜想正确,则只要进一步证明任何无割边的 3—正则平面图都是可 3—边着色的,就可使地图四色猜测得到证明是正确的。进而由地图的面着色就相当于对其对偶图——极大平面图——的顶点着色,得知四色猜测对于极大平面图也是正确的。从而也就可以得到由极大平面图通过"减边"和"去顶"运算所得到的任意平面图的四色猜测也是正确的。四色猜测就可以被证明是正确的。

4.1.1 从可 3—边着色到可 4—面着色

设一个 3—正则平面图是可 3—边着色的,即 $C_边 = 3$。该图的每一个顶点都连接着三条边,这三条边一定是三种不同的颜色。

由于 3—正则平面图的 $C_边 = 3$,所以图中的每一个面一定都是由不多于三种的不同颜色的边所围成的,有可能是二色边的面,也

---

* 此文已于 2017 年 4 月 22 日在《中国博士网》上发表过(网址是:http://www. chinaphd. com/cgi—bin/topic. cgi? forum=5&topic=3331&show=0)。收入本书时曾作了部分修改。

有可能是三色边的面。由此看来，泰特猜想是一个组合方面的问题。

（1）可3—边着色的无割边的3—正则的平面图的面着色数一定是4的证明。

把由可3—边着色的3—正则图中的面着上不同的颜色，就是对地图的面着色。由于图中有二色边面和三色边面两种，所以该图面着色的色数 $C_{面}$ 一定是：由三种颜色元素中取出两种颜色元素的组合数 $C_2 = C_3^2 = \dfrac{3!}{2! \times (3-2)!} = \dfrac{3!}{2! \times 1!} = \dfrac{1 \times 2 \times 3}{1 \times 2 \times 1} = \dfrac{6}{2} = 3$，与取出三种颜色元素的组合数 $C_3 = C_3^3 = \dfrac{3!}{3! \times (3-3)!} = \dfrac{3!}{3! \times 0!} = \dfrac{1 \times 2 \times 3}{1 \times 2 \times 3 \times 1} = \dfrac{6}{6} = 1$ 的和，即 $C_{面} = C_2 + C_3 = 3 + 1 = 4$。当边所着的三种颜色分别是 k_1、k_2 和 k_3 时，以上四种组合就是 k_1 和 k_2、k_1 和 k_3，k_2 和 k_3 以及 k_1、k_2 和 k_3。缺少其中的任何一种组合（特别是缺少 k_1、k_2 和 k_3 的组合）时，其面着色数都将是小于4的。所以也就有可3—边着色的无割边的3—正则平面图一定是可4—面着色的结论。

但这只是理论上的证明，只证明了可3—边着色的无割边的3—正则平面图一定是可4—面着色的，并不是实际的染色操作。也并不是说 k_1、k_2 和 k_3 的组合就一定是 A 色，而其他的 k_1 和 k_2、k_1 和 k_3、k_2 和 k_3 三种组合分别一定就是 B、C、D 三色。因为从可3—边着色的无割边的3—正则平面图看，除了2—边形面（如蒙古的地图）是由两条不同颜色的边构成的外，其他的面可以说多数都是由三种颜色的边所构成的，有些相邻的面也是如此。如正四面体的各个三边形面均是由 k_1、k_2 和 k_3 三种颜色的边所构成的，但总不可能把相邻的面也都着上相同的颜色吧，所以说这只是理论上的证明，并不是实际的染色操作。

各面都是两两相邻的、由三种颜色的边所构成的三边形面的

3—正则平面图(也是极大平面图),在进行面着色时,至少也需用四种颜色,才能够把各个面区分开来。整个图中的面最多也就占用四种颜色。

(2)可3—边着色的无割边的3—正则的平面图面着色的两种实际染色的操作方法。

1)第一种染色操作方法就是我们在《四色猜测是可以手工证明的》一文中所说的,也就是证明平面图的不可免构形可约性的着色方法。但在着色之前,首先要把可3—边着色的无割边的3—正则平面图转化成对偶图,使其变成每个面都是三角形面的极大的平面图;然后对这个对偶图进行顶点着色。针对着色中出现的各种情况,再用平面图的各种不可免构形的单独着色方法去进行处理,最后一定能得到一个可4—着色的极大平面图,也就相当于得到了该无割边的3—正则平面图的可4—面着色。这种操作方法既能适用于对任意平面图的顶点着色,也能适用于对任意平面图的面着色,当然也包括对3—正则的平面图的面着色。

2)第二种染色操作方法是韦斯特和徐俊杰证明泰特猜想中用过的方法,我把它叫作颜色叠加法[3]。这一方法是根据可3—边着色的无割边的3—正则平面图的特点——图中有一条或若干条边2—色回路或边2—色圈〔见后面4.2.1中的(1)〕,每一种边2—色圈都把图分成了两个以上的部分(每一部分中包括着不同数目的该3—正则平面图中的面)。把被某种边2—色圈所分成的各部分相间的染以两种不同的颜色(暂叫它为二色图),然后再把被两种不同的边2—色圈所分成的两个二色图上、下叠加起来,就会得到用四种新的颜色着色的该无割边的3—正则平面图的面着色图,且相邻的面没有用相同的颜色(见图4-1)。

但这种颜色的叠加有一个缺点,四种颜色叠加后,一定是产生四种新的颜色,不能满足四色猜测所说的颜色数一定小于等于4的要求。比如图 4-1 的图本来就是一个 2—色图,最后却染成了 4—色图。虽然颜色数没有超过四种,但 4 却不是该图的面着色数,不符合要求。

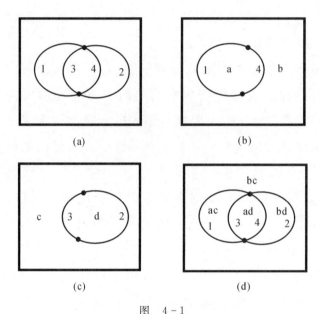

图　4-1

(a)原图两个圈相交； (b)1—4 边 2—色圈内外分别着 a 和 b；

(c)2—3 边 2—色圈内外分别着 c 和 d； (d)b,c 图叠加后的四色图

　笔者通过研究后,认为有些可哈密顿的无割边的 3—正则平面图的面着色数是小于 4 的(如正六面体所对应的图)。这种图在用颜色叠加法染色时,若所用的两种边 2—色圈中只要有一种边 2—色圈是哈密顿圈(这种图的三种边 2—色圈中至少有两种是哈密顿圈时,才能保证颜色叠加时,两种边 2—色圈中至少有一种是哈密顿的)时,颜色叠加的结果都得到的是一个 4—面着色的图(见图 4-2);若所用的两种边 2—圈都不是哈密顿圈(这种图的三种边 2—色圈都不是哈密顿圈时,才能保证颜色叠加时,两种边 2—色圈都不是是哈密顿的)时,颜色叠加的结果就可得到一个 3—面着色的图(见图 4-3)。

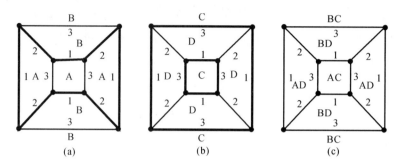

图 4-2 正六面体的 4—面着色

(a)1—2—1 边二色回路是哈密顿圈； (b)1—3—1 边二色回路是非哈密顿的；

(c)正六面体的 4—面着色

(1—2—1、1—3—1 和 2—3—2 三种边 2—色圈中有两种是哈密顿圈)

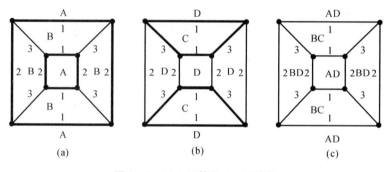

图 4-3 正六面体的 3—面着色

(a)1—2 边二色回路； (b)1—3 边二色回路； (c)正六面体的 3—面着色

(1—2—1、1—3—1 和 2—3—2 三种边 2—色圈均是非哈密顿圈且是多条)

我们也给塔特所构造的非哈密顿的无割边的 3—正则平面图和目前已知最小(顶点数最少)的非哈密顿的 3—正则平面图，以及 100 多年来未能 4—着色的赫渥特图的原型——一个 3—正则的平面图(即地图)，用以上两种方法都进行了面着色，证明了这三个图的面着色数都是等于 4 的(当然其也都一定是可以 3—边着色的)。

根据以上这样的情况，就要求在对无割边的 3—正则的平面图进行面着色之前，首先要弄清所染色的图是不是可哈密顿的，然后再染色时,才能得到一个正确的染色结果。但这种颜色叠加的着色方法只能是在对于无割边的 3—正则的平面图的面着色时有用,而不能用于对任意平面图的面着色和顶点着色。

(3)两个有关 3—正则平面图的面着色色数的猜想。

根据以上给可 3—边着色的无割边的 3—正则的平面图采用颜色叠加法进行面着色的实践,我们发现:在颜色叠加时,所用的两种边 2—色回路中至少有一个是哈密顿圈时,其面着色时一定要用 4 种颜色(见图 4-2);而两种边 2—色回路都不是哈密顿圈时,其面着色时的色数则一定是 3(见图 4-3)。我们还发现:在面着色数是 3 时,两种边 2—色回路都把图分成了三个以上的部分,图中所有的面也都是边 2—色圈〔见图 4-3 的(a)和(b)〕;而在面着色数是 4 时,两种边 2—色回路中,至少有一种边 2—色回路把图只分成了两部分〔见图 4-2(a)。该回路也一定是哈密顿的〕,图中的面既有边 2—色圈,也有 3—色圈。又因为奇数边面一定是 3—色圈,所以最后又得出了含有奇数边面的无割边的可 3—边着色的 3—正则平面图的面色数一定是 4,而不含奇数边面的无割边的可 3—边着色的 3—正则平面图的面色数一定是 3 的结论。

于是,笔者猜想:①所有面全都是边 2—色圈的 3—边着色的 3—正则平面图的面色数一定是 3;②所有面不全是边 2—色圈的 3—边着色的 3—正则平面图的面色数一定是 4。

(4)3—正则平面图边、面着色的总色数。

整个无割边的可 3—边着色的 3—正则的平面图在边和面都着色时,图中最多用了多少种颜色,也是一个由三种颜色元素的各种组合问题。可 3—边着色的 3—正则的平面图的边所占用的颜色数是 $C_1 = C_3^1 = \dfrac{3!}{1! \times (3-1)!} = \dfrac{3!}{1! \times 2!} = \dfrac{1 \times 2 \times 3}{1 \times 1 \times 2} = \dfrac{6}{2} = 3$,所以整个图中最多所用的颜色总数是:$C_{总} = C_1 + C_2 + C_3 = C_3^1 + C_3^2 + C_3^3 =$

$$\frac{3!}{1! \times (3-1)!} + \frac{3!}{2! \times (3-2)!} + \frac{3!}{3! \times (3-3)!} = 3+3+1 = 7 \text{ 种}$$

〔$C_2 = 3$ 和 $C_3 = 1$ 见前面的 4.1.1 中的(1)〕，即 3—正则平面图中的边色数与面色数的和最大就是 7。

(5)颜色叠加原理的理论分析。

地图的顶点都是三界点，都只连接着三条边(见图 4-4)，分别着以 1、2、3 三种颜色〔见图 4-4(a)〕，每两条边之间所夹的区域用一种颜色当然是可以的，可以把 1—2 两种色边所夹的面用Ⅰ来表示，把 2—3 两种色边所夹的面用Ⅱ来表示，把 1—3 两种色边所夹的面用Ⅲ来表示，共有三种颜色。但作为一个面，其边界线一定是一个圈。若是偶圈，该面边界线只用两种颜色就可以了，该面可以着上Ⅰ、Ⅱ、Ⅲ中的某一种颜色即可；但若是奇圈，该面的边界线一定要用三种颜色来染色。这种情况，该面就不能用Ⅰ、Ⅱ、Ⅲ 中的任何一种了，而只能用第四种颜色Ⅳ〔见图 4-4(b)〕。这就是可 3—边着色的无割边的 3—正则平面图面着色时，可能会用到四种颜色的原因。

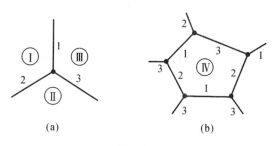

图 4-4

若把由两种颜色的边所夹的区域的颜色用两种颜色的交集表示时，则有 1∩2 = Ⅰ，2∩3 = Ⅱ，1∩3 = Ⅲ，而由三种颜色的边所夹的区域的颜色就是三种颜色的交集，即 1∩2∩3 = Ⅳ。这也就是给任何可 3—边着色的无割边的 3—正则平面图(地图)的面染色时，至少要准备四种颜色的原因。

4.1.2　从可4—面着色到可3—边着色

设一个3—正则平面图是可4—面着色的，即$C_面=4$。所用的颜色是不多于A、B、C、D四种的。

图中的每一条边都是两种颜色的面的共同边界线，图中边界线的种类数就是由四个元素中取出两个元素的组合数，即$C_边界=C_4^2=$

$$\frac{4!}{2!\times(4-2)!}=\frac{4!}{2!\times2!}=\frac{1\times2\times3\times4}{1\times2\times1\times2}=\frac{24}{4}=6$$，即A—B、A—C、A—D、B—C、B—D和C—D六种。

(1)互斥的边界线。

但并不是六种边界线就要用六种颜色，因为在3—正则的平面图中，由A色面和B色面所构成的边界线A—B，与由C色面和D色面所构成的边界线C—D，不但不可能是同一条边界线，而且也不可能相邻(见图4-5中加粗的边界线A—B和与带小园圈的边界线C—D)。像A—B和C—D这样的两条边界线就叫一对互斥的边界线。而互斥的边界线由于其互不相邻，所以着同一颜色是可以的。

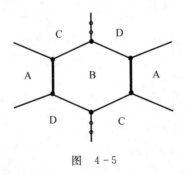

图　4-5

互斥的两条边界线两侧的国家是完全不相同的，如中、蒙边界线的两侧是中国和蒙古，朝、俄边界线的两侧则是朝鲜和俄罗斯，中、蒙和朝、俄两条边界线就是互斥的边界线，两条边界线也是不相邻的；而两条边界线两侧的国家中有一个是相同的国家时，这样的两条边界线则是相邻的边界线,如中、蒙边界线与中、俄边界线就是两条相邻的边界线,因为这两条边界线的一侧有同一个国家——中国,这两条边界线的确也是相接的。还有另外一种边界线,即两个国家在不同的地段有多条边界线,如中国和俄罗斯就在两个地段处有两条边界线,中间相隔有蒙古国,把中、俄边界线隔成了两段;还有中国和印度在三个地段处有三条边界线,中间分别相隔有尼泊尔和不丹,把中、印边界线隔成了三段。

(2)互斥的边界线在 3—正则的平面图中只有三对。

像 A—B 和 C—D 这样的一对互斥的边界线,在由 A、B、C、D 四种颜色的面所构成的边界线中,应该还有 A—C 和 B—D,A—D 和 B—C 两对,每对都可用同一种颜色。在可 4—面着色的 3—正则的平面图中,每个"三界点"顶点都与三种颜色的面(如 A、B、C 三种)相邻,该顶点所连的三条边界线分别是 A—B、A—C 和 B—C。这三条边界线两两间,都有一种颜色是相同的,两两都是相邻的边界线,所以这三条边界线是可以共同相交于一个"三界点"顶点的,如中国、俄罗斯和蒙古三国构成的"三界点"就是由中俄、中蒙、俄蒙三条两两均相邻的边界线所构成的。这三条边界线中,正好也没有各条边界线所对应的互斥边界线 C—D、B—D 和 A—D,这也就进一步说明了互斥的边界线也是不会相邻的;若把 A—B、A—C 和 B—C 三条边界线分别用 1、2、3 表示,则与其互斥的边界线 C—D、B—D 和 A—D 也可以分别用 1、2、3 来表示。所以,在 3—正则的平面图中,互斥的边界线一共只有三对。

(3)可 4—面着色的无割边的 3—正则平面图一定是可 3—边着色的。

由四种颜色的面所构成的六种边界线中,有三对是互斥的边界线,互斥的边界线可用同一种颜色。由于这个 3—正则的平面图是可 4—面着色的,各面的颜色已经确定,那么各"三界点"顶点所连的边界线的颜色,实际上也是已经确定了的。全图中只有三对互斥的边界线,每对用一种颜色,那么,全图中的所有边界线实际上也就只有三种颜色。3—正则的平面图每个顶点都只连有三条边,正好每个顶点也就连有三种不同颜色的边。也由于每对互斥的边界线,分别是由两条在边界线两侧用了完全不同颜色着色的两个区域的边界线所构成的,所以图中互斥边界线的总对数应该是 $C_{\text{互斥对数}}=\dfrac{C_{\text{边界}}}{2}=\dfrac{6}{2}=3$,这也就是该图边着色时的色数,即 $C_{\text{边}}=3$。面色数是 3 的无割面的 3—正则平面图中,没有互斥的边界,只有 3 种边界线,也只能染或 3 种颜色,因此也就有可 4—面着色的无割边的 3—正则平面图一定是可 3—边着色的结论。

(4)用反证法证明可 4—面着色的无割边的 3—正则平面图一定是可 3—边着色的。

假如这个可 4—面着色的无割边的 3—正则平面图不可 3—边着色,那么图中至少要有一条边是用了第四种颜色的。则这条边的两侧至少也要有一个面不是用 A、B、C、D 四种(或 A、B、C 三种)颜色之一着色的面。但这是不可能的,因为该图是 4—面着色(或 3—面着色)的,图中就只有四种(或三种)颜色的面。假设与已知条件产生了矛盾,应该否定假设。这就使可 4—面着色的无割边的 3—正则平面图一定是可 3—边着色的结论得到了证明。

由于上述图的面色数是不大于 4 的,现在又证明了其边色数是 3,所以图中所用的颜色总数仍是 $C_{\text{总}}=C_{\text{面}}+C_{\text{边}}=4+3=7$,不大于 7。与上面 4.1.1 中(4)的结论是相同的。

4.1.3 泰特的猜想是正确的

现在已经证明了泰特的猜想是正确的。但还需要进一步证明每一个无割边的 3—正则平面图都是可 3—边着色的,才能使四色猜测得到证明是正确的。

4.2 无割边的 3—正则平面图都是可 3—边着色的

4.2.1 无割边的 3—正则平面图一定可以 3—边着色

（1）无割边的 3—正则平面图一定可以划分为一个或若干个偶圈。

我们已经知道可 3—边着色的无割边的 3—正则平面图中的三种边 2—色圈（回路）都一定是偶圈，所以首先要分析无割边的 3—正则平面图中是否含有偶圈。

由于 3—正则图的每个顶点都连着 3 条边，图中的总度数应是 $d = 3v$（d 是图的度数，v 是图的顶点数），且一条边的两端就是两度，所以无割边的 3—正则平面图的边数 $e = \dfrac{3}{2}v = 1.5v$，即边数是顶点数的 1.5 倍。为了保证图的边数 $e = \dfrac{3}{2}v$ 是整数，无割边的 3—正则平面图的顶点数 v 也必须是偶数。从而也可以看出这种图的边数一定也是 3 的倍数。

在无割边的 3—正则的平面图中有 $e = \dfrac{1}{2}\sum e_{pi} = \dfrac{1}{2}(e_{p1} + e_{p2} + \cdots + e_{pn})$ 的关系（式中 e_p 是各面的边数），可以看出，无割边的 3—正则平面图中若含有奇数边面时，则奇数边面的总个数也必须是偶数，也才能保证其边数是整数。如属于 3—正则平面图的正四面体的所有面都是三边形面，奇数边面是偶数个（4 个）；正十二面体的所有面都是五边形面，奇数边面也是偶数个（12 个）；还有奇楞柱都只有两个面是奇数边面，也是偶数（2 个）。

由于无割边的 3—正则平面图的顶点数一定是偶数，并且图中的奇数边面的总个数也一定是偶数,这就保证了无割边的3—正则平面图一定可以划分成一个或若干个偶圈。图中若无奇数边面时,因图的顶点数是偶数,把图划分成一个或若干个偶圈是没有问题的;若图中含有奇数边面时,则其一定是偶数个,且至少也有两个。两个奇数边面相邻,本身就是一个偶圈;若不相邻时,则可以通过一个或若干个偶数边面的"传替"(即在这两个奇数边面中间一定夹有一个或若干个连续相邻的偶数边面)而构成一个较大的偶圈(见图4-6)。图4-6中两个三边形面与一个四边形面共同构成了一个有6条边的偶圈(见图4-6中加粗加黑的边)。

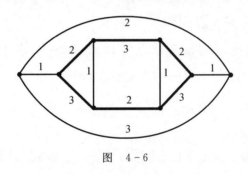

图 4-6

(2)无割边的3—正则平面图一定可以3—边着色。

一个或若干个偶圈,总的顶点数还是偶数。这些圈中一定包括了图中所有的顶点,且圈中每一个顶点均与2条边相连接,所以偶圈中的边数与顶点数相同。偶圈以外的每条边的两端均连接着这些偶圈中的一个顶点,所以偶圈以外的边,实际上只有偶圈顶点数的一半,或者偶圈边数的一半。总的边数也是顶点数的1.5倍,图仍是一个无割边的3—正则的平面图。

因为偶圈边着色时两种颜色就够了,所以这些偶圈一定是一条或多条的边2—色圈。除此以外,图中的其他边(相当于顶点数的一半)都是两端均连结着该边2—色圈上的、且只连接着同样两种颜色的边的顶点;又因这些边之间互不相邻,所以这些边是可以同时都着上与以上边2—色圈中两种颜色都不同的第三种颜色。图4-6中有两条由2和3两种颜色构成的边2—色圈(都是偶圈),两圈之外所有边都可着1色,全图的边共用了三种颜色。

这就证明了无割边的3—正则平面图一定都是可3—边着色的。

4.2.2 图的边着色

图的边着色,就是对其线图的顶点着色。所谓线图就是把原图的边作为顶点,按原图中边与边的相邻关系作新的边,所得到的新图,称为原图的线图(也叫边图)。

(1)由于线图的密度是原图的最大度 Δ,而3—正则平面图中各顶点的度均是3,所以其线图中的最大团的顶点数最大也只能是3(即线图的密度是3),着色时至少也要用3种颜色。

(2)3—正则平面图中各面的边数都是大于等于2的多边形面,各顶点均连有3条边,因此3—正则平面图的线图中的面也都是大于等于3的圈(面)〔见图4-7(a)〕。图4-7(a)就是地图(3—正则的平面图)中的"两国夹国"这一情况。所夹国只有两条边界线(如蒙古只有中、蒙和俄、蒙两条边界线),是一个"2—边形"面,并且这个面的两条边界线是相邻的,构成了一个2—圈。这个2—边形面的两条边界线在边(线)图中则是在两条边界线所对应的两个4—度顶点间的两条平行边,而平行边只相当于一条边;这条边又是该2—边形面边界上的两个"三界点"〔图4-7(a)中的小黑点顶点〕所对应的两个三边形面〔图4-7(a)中的两个加粗边的三边形面〕的一条公共边。说明了3—正则平面图的线图的密度仍是3,所有的面也全都是边数大于等于3的圈(面)。圈在顶点着色时,色数也一定是不大于3的,所以该线图的色数一定是不会大于3的。

　　到此,也就证明了无割边的 3—正则平面图的线色数一定是等于 3 的。

　　(3)3—正则平面图中各边的一端都连着两条边,一条边的两端共连接着四条边(见图 4-7),表现在其线图中就是由各条边所得到的各个新顶点的度均是 4,该线图是一个 4—正则图,且这个 4—正则图的各顶点又都是一个 4—星图的中心顶点。由于地图(也即是3—正则的平面图)中有"两国夹国"的存在,其线图中就必然有平行边,而平行边又只相当于一条边,所以 3—正则的平面图的线图中就必然有一些顶点是处在 3—星图的中心顶点上(见图 4-7(a),把其中的两条平行边看成一条边时,图中就有了两个 3—度顶点,就是两个 3—星)。这样 3—正则平面图的线图的各顶点四周就都是三个或四个边数大于等于 3 的面。这也就决定了 3—正则的平面图的线图的密度有可能是 3,其着色时的色数一定也不会小于 3。

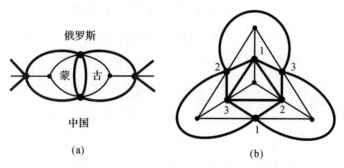

图　4-7

(a)"两国夹国"对应的线图；　(b)正 4—面体的边图

　　(4)由于 3—正则平面图的线图的各顶点四周都是边数大于等于 3 的面,只有在该 3—正则平面图的各个面也都是 3—边形面时,其线图的各顶点才是处在一个 4—轮的中心顶点的位置〔见图 4-7(b)的正面体的线图〕。4—轮(偶轮)的色数一定是 3,所以正四面体的线图的色数也一定是 3。实际着色的结果也证明了正四面体的线图的色数是 3,说明了正四面体是可 3—边着色的。除了正四面体以外的其他任何 3—正则的平面图,由于其面的边数多少不一,其线图的顶点是不可能处在一个轮的中心顶点位置的,更不可能处在奇轮的中心顶点的位置。因此除了正四面体以外的其他 3—正则平面图也都是可 3—边着色的。

4.2.3 无割边的 3—正则平面图的可 3—边着色操作方法

以上已经证明了无割边的 3—正则平面图都是可 3—边着色的。但是给出一个具体的图,如何进行 3—边着色,这又是一个具体的问题。

(1)第一种操作方法是:按 4.1.1 中(2)的第一种操作方法对其进行可 4—面着色(首先也是把给出的无割边的 3—正则平面图作对偶图,使其变成一个极大的平面图,再对这个极大平面图进行顶点着色),再按互斥边界线可着同一颜色的原则,把三对互斥边界线着以三种不同的颜色即可完成该图的可 3—边着色。

(2)第二种操作方法是:直接进行边着色。首先找一个三界顶点,把其所连的三条边分别着以 1、2、3 三种颜色,再分别从这三条边往下找另外的三界顶点,将与新找到的三界顶点所连的另外两条边,分别着以与已着过颜色的那条边的原有颜色(如 1)不同的另两种颜色(如 2 或 3)即可。这样不停的找下去,就可给图中所有的与三界顶点所连接的边着上已经确定的 1、2、3 三种颜色之一,而决不会用到第四种颜色。但使用这种方法时一定要注意,不要把本来所有面都应是边 2—色圈(见图 4-3)的图,着成了至少有一个面是 3—色圈的图(见图 4-2),即不要把全是偶数边面的、各面都是边 2—色圈的图着成了有 3—色圈的图就行了。以防把本来面色数是 3 的图(见图 4-3)着成用了四种颜色的图(见图 4-2)。

4.3 对无割边的3—正则平面图都是可3—边着色的检验

设有 n 个面的无割边的 3—正则平面图是可 3—边着色的,现在证明有 $n+1$ 个面时,其也是可 3—边着色的。

在一个面数为 n 的无割边的 3—正则平面图的某个面内增加一条边,把一个面分为两个面,就成了有 $n+1$ 个面的无割边的 3—正则平面图。在某个面内的任两条边中各取一个点 a 和 b,并把 a 和 b 用边相连接,a 和 b 就变成了两个新的"三界点",边 a—b 就把一个面分成了两个面,图中也就增加了一个面,成为 $n+1$ 个面。同时图中也增加了两个顶点和三条边,增加的边数也是增加的顶点数的 1.5 倍,符合 3—正则平面图的要求。

现在只要证明这个图仍是一个无割边的 3—正则平面图和仍是可 3—边着色的就可以了。

4.3.1 证明这个有 n+1 个面的图仍是一个 3—正则的平面图

因为无割边的 3—正则的平面图中有 $e=\frac{1}{2}\sum e_{pi}=\frac{1}{2}(e_{p1}+e_{p2}+\cdots+e_{pn})$ 的关系(式中 e_p 是各面的边数)。所以 3—正则平面图中奇数边面的总个数一定是偶数。

(1)a 和 b 两点所在边的两个相邻面的边数的改变对 3—正则平面图中的奇数边面的总个数的影响。

1)若 a 和 b 两点所在边的两个相邻面原来都是偶数边面时,现在则都成了奇数边面,奇数边面增加了两个,但偶数(原有)+2(增加)仍是偶数,奇数边面的总个数仍是偶数。

2)若 a 和 b 两点所在边的两个相邻面原来都是奇数边面时,现在则都成了偶数边面,奇数边面减少了两个,但偶数(原有)-2(减少)仍是偶数,奇数边面的总个数仍是偶数。

3)若 a 和 b 两点所在边的两个相邻面原来的边数是一奇一偶时,则现在奇数条边的面变成了偶数条边,而偶数条边的面则变成了奇数条边,但仍是一奇一偶,奇数边面的总个数没有发生变化,仍是偶数。

可见,a 和 b 两点所在边的两个相邻面的边数的改变对 3—正则平面图中的奇数边面的总个数一定是偶数并无影响。

(2)被 a 和 b 两点分成两个面的那个面边数的变化对 3—正则平面图中的奇数边面的总个数的影响。

1)若被分开成两个面的那个面原来是奇数条边,该面现在的边数则是比原来多了两条的奇数,所分成的面只能是一个奇数边面和一个偶数边面。这等于说图中减少了一个原来的奇数边面,除了增加了一个偶数边面外,又增加了一个奇数边面,相当于图中奇数边面的总个数并未发生变化,仍是偶数。

2)若这个被分开成两个面的面原来是偶数条边,该面现在的边数则是比原来多了两条的偶数。

①一种情况是分成两个偶数边面,图中奇数边面的总个数根本就没有发生变化,还是偶数。

②另一种情况是分成两个奇数边面,等于说图中减少了一个原来的偶数边面,但又增加了两个奇数边面,但偶数(原有)+2(增加)仍是偶数,奇数边面的总个数仍然是偶数。

可见,被分开成两个面的那个面边数的变化对 3—正则平面图中的奇数边面的总个数一定是偶数也没有影响。

(3)有 $n+1$ 个面的图仍是一个无割边的 3—正则平面图。

以上是从被 a、b 所分面与 a、b 两顶点所在边的相邻面两种面的边数变化来分析的,结果都是图中的奇数边面的总个数仍是偶数。原来有 n 个面的奇数边面的总个数是偶数,现在有 $n+1$ 个面的奇数边面的总个数仍然是偶数,符合无割边的 3—正则平面图的要求。该图仍然是一个无割边的 3—正则平面图,说明了有 $n+1$ 个面的图仍是一个无割边的 3—正则平面图。

4.3.2　证明有 $n+1$ 个面的图仍是可 3—边着色的

现在再来看看 a 和 b 两点所在边原来所着的颜色对这个有 $n+1$ 个面的无割边的 3—正则图的 3—边着色有什么影响。

图中因为增加了一个面而增加了两个顶点 a 和 b,a—b 边虽不能单独构成一个偶圈,但它却是由原图中两条边上新增加的顶点构成的边一条(见图 4-8～图 4-14)。这两个顶点可能处在同一个边 2—色圈上,也可能处在不同的边 2—色圈上。

(1)a、b 两顶点处在同一个边 2—色圈上的情况(见图 4-8～图 4-10)。

这种情况不管 a、b 两顶点所处的边原来着色是相同还是不同,也不管被 a—b 边所分的面是奇数边面还是偶数边面,更不管 a、b 两顶点所处的边原来是相邻还是不相邻〔见图 4-8(a)、图 4-9(a)和图 4-10(a)〕,都可以对 a—b 边同一侧(比如左侧)的边 2—色圈中所有边的颜色进行交换〔见图 4-8(b)、图 4-9(b)和图 4-10(b)。这种交换并不会影响到着第三种颜色的边〕,使该边 2—色圈中所增加的两条边分别着上该边 2—色圈中的两种颜色之一,该圈仍是同原来颜色相同的一个边 2—色圈;而把边 a—b 着上第三种颜色即可〔见图 4-8(b)、图 4-9(b)和图 4-10(b)〕。图仍是一个可 3—边着色的 3—正则平面图。

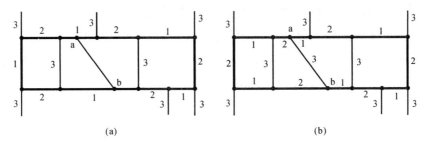

图 4 - 8　a、b 所在的边原来着相同颜色

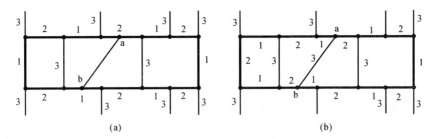

图 4 - 9　a、b 所在的边原来着不同的颜色

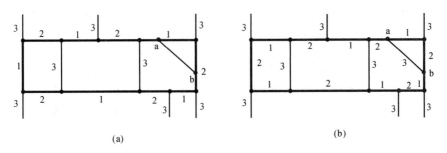

图 4 - 10　a、b 所在的边原来是相邻的

　　图 4 - 8 是 a、b 两顶点所在边不相邻且着色相同,所分的面是奇数边面的情况,图 4 - 9 是 a、b 两顶点所在边不相邻且着色不相同,所分的面是偶数边面的情况,图 4 - 10 是 a、b 两顶点所在边相邻且着色不相同(两边相邻时不可能着相同的颜色),所分的面是奇数边面的情况;而 a、b 两顶点所在边不相邻且着色不相同,所分的面是偶数边面的情况和 a、b 两顶点所在边不相邻且着色相同,所分

的面是奇数边面的情况,以及 a、b 两顶点所在边相邻且着色不相同,所分的面是偶数边面的情况,同样都可以这样处理。

这就证明了 a、b 两顶点处在同一个边 2—色圈上的情况下,图仍是可以 3—边着色的。

(2)a、b 两顶点处在不同的边 2—色圈上的情况(见图 4-11~图 4-14)。

在这种情况下,a、b 两顶点只能分别处在两个相同颜色的边 2—色圈上〔见图 4-11(a)〕,而不能处在不同颜色的边 2—色圈上。因为如果两个边—2 色圈上有一种颜色不相同,则这两个边 2—色圈至少就需要占用三种颜色,而与这两个边 2—色圈相联系的边,则就必须用第四种颜色〔见图 4-11(b)和图 4-11(c)〕。这便与已知的有 n 个面的 3—正则平面图是可 3—边着色的条件产生了矛盾,所以 a、b 两顶点是不可能处在不同颜色的边 2—色圈上的。这种 a、b 两顶点处在具有相同颜色的不同的边 2—色圈的情况,也不可能有 a、b 两顶点所处的边是相邻的情况,因为 a、b 两顶点根本就不在同一个边 2—色圈上。

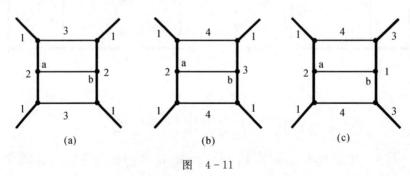

图　4-11

1)图 4-11(a)的情况是属于 a、b 两顶点所处的边原来着色是相同的情况。这种情况实际上 a、b 两顶点又是处于同一个边—2 色圈〔在图 4-11(a)中是由 2、3 两种颜色构成的边 2—色圈〕上的,实际上也是属于上面 4.3.2 中(1)的"a、b 两顶点处在同一个边 2—色圈上的情况",已经得到了解决。

2)当 a、b 两顶点真正处在不同的两条相同颜色构成的边—2 色圈上的情况下,如果 a、b 两顶点所处的边原来着色是相同的〔见图 4-12(a),图中的 a,b 两顶点均处在着颜色为 1 的边上〕,则 a、b 两顶点实际上也是处于相同的另一条边—2 色圈〔在图 4-12(b)中是由 1、3 两种颜色构成的边—2 色圈〕上的,也属于上面图 4-8一类的情况,是可 3—边着色的〔见图 4-12(c),图中的 a—b 边着色 2〕。

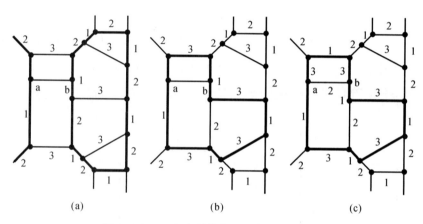

图 4-12　a—b 边所分的面原来是奇数边面

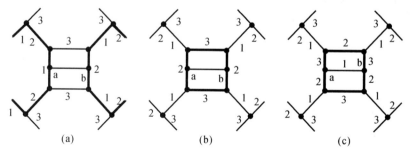

图 4-13　a—b 边所分的面原来是偶数边面

3)在 a,b 两顶点真正处在不同的两条相同颜色构成的边—2 色圈上的情况下，如果 a、b 两顶点所处的边原来着色是不同的〔如图 4-13(a)和图 4-14(a)中的 a、b 两顶点分别处在着色为 1 和 2 的边上〕，不管被 a—b 边所分的面是奇数边面还是偶数边面，都可对其中任一个边 2—色圈中各边的颜色进行交换〔在图 4-13(b)和图 4-14(b)中，我们都是对左侧的边 2—色圈进行颜色交换的，当然这种交换也是不会影响到着第三种颜色的边的〕，便可以使 a、b 两顶点又处在同一个另外两种颜色的边 2—色圈〔在图 4-13(b)和图 4-14(b)中，a、b 都是处在由 2、3 两种颜色构成的边 2—色圈〕上的，也使问题变成如上面 4.3.2 中(1)的第一种情况——a、b 两顶点处在同一个边 2—色圈上，用与其相同的办法可以使图进行 3—边着色〔如图 4-13(c)和图 4-14(c)中的 a—b 边都着色 1〕，图仍是一个可 3—边着色的 3—正则平面图。

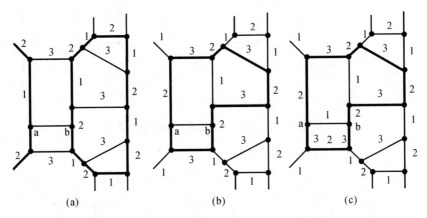

(a)　　　　　　(b)　　　　　　(c)

图 4-14　a—b 边所分的面原来是奇数边面

这就证明了 a、b 两顶点处在不同的边 2—色圈上的情况下，图也是可以 3—边着色的。

到此，就证明了任何一个无割边的 3—正则平面图都是可 3—边着色的。

以上我们是对有 $n+1$ 个面的无割边的 3—正则平面图进行证

明的,同样的也可以对有 $n-1$ 个面的无割边的 3—正则平面图证明是可 3—边着色的。这只要从有 n 个面的 3—正则平面图中去掉一条边即可。

现在已经证明了无割边的 3—正则平面图都是可 3—边着色的,也就等于验证了任何无割边的 3—正则平面图也都是可 3—边着色的结论是正确的,同时也就验证了任何无割边的 3—正则平面图都是可 4—面着色的结论也是正确的。最终也就验证了地图四色猜测是正确的。

4.4 四色猜测的证明

我们已经证明了泰特的猜想:"无割边的 3—正则平面图的可 3—边着色,等价于其可 4—面着色"是正确的。现在又证明了每一个无割边的 3—正则平面图都是可 3—边着色的。当然也就证明了任何无割边的 3—正则平面图(地图)也都是可 4—面着色的,即证明了地图四色猜测是正确的。地图四色猜测是正确的,则其对偶图——极大图平面图——的顶点着色的色数也一定小于等于 4。进而由极大平面图经"减边"和"去点"得到的任意平面图的色数也一定是不会大于 4 的,平面图的四色猜测也是正确的。到此也就证明了四色猜测是正确的。

5. 用增加图的色数证明
四色猜测的两种方法[*]

5.1 根据不可同化道路原理，
证明四色猜测是正确的

5.1.1 作一个图的色数比原图的色数大 1 的方法之一——不可同化道路法

这里的"同化"即图论中的"收缩"，且只是指不相邻顶点间的收缩。"不可同化道路"是指图中某最大团外的一条道路，该道路中总有一个顶点同化不到最大团中去。

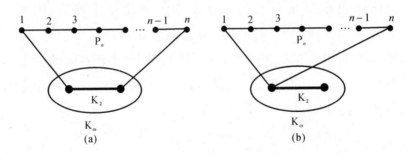

图 5-1 不可同化道路

如图 5-1 所示，在最大团 K_ω 外有一条道路，这条道路的所有顶点都与最大团 K_ω 中的同一个 $K_{\omega-2}$ 团的各顶点均相邻（为了图面

———————————
 * 此文已于 2017 年 3 月 11 日在《中国博士网》上发表过（网址是：http://www. chinaphd. com/cgi-bin/topic. cgi? forum=5&topic=3260&show=0）。收入本书时曾作了部分修改。

清晰,图中未画出),同时道路的两个端点顶点又都与最大团中另一个 K_2 团(图中加粗的边)中的一个顶点相邻。这样,道路中除了两个端点顶点只能向那个 K_2 团的某一个顶点同化外,道路中的其他顶点均可向这个 K_2 团中的任一个顶点同化。

当道路的两个端点顶点分别与 K_2 团中的一个顶点相邻〔见图 5-1(a)〕,同时道路又是奇数顶点时,道路中总是有一个顶点同化不到最大团中去;而当道路的两个端点顶点都与 K_2 团中的同一个顶点相邻〔见图 5-1(b)〕,同时道路又是偶数顶点时,道路中也总是有一个顶点是同化不到最大团中去的。

5.1.2 色数为 n 的图一定可以同化为一个 K_n 图

根据已经证明是正确的哈德维格尔猜想,一个色数为 n 的图,一定是可以同化为一个 K_n 图的。因为图中不相邻的顶点才可以使用同一种颜色,而不相邻的顶点也是可以同化为一个顶点的,所以哈德维格尔猜想是正确的。由色数为 n 的图同化成的 K_n 图,就是该图的最小完全同态,其顶点数 n 也就是图的色数。图的最小完全同态是一个完全图,而完全图的色数也就是其顶点数。

现在我们对平面图的完全图(或者说是平面图的完全同态)K_n($n \leqslant 4$)用不可同化道路的原理使其色数增大,只要不可同化道路系统不是非平面图,图的色数又不大于 4 时,就说明四色猜测是正确的;否则,若系统仍是平面图,只要有一个图的色数是大于 4 时,也就说明四色猜测是错误的。

5.1.3 对平面图中各种团作不可同化道路

K_1 团,色数是 1,它本身就是一个平面图,图中就只有一个顶点,没有任何边,不可能存在不可同化道路。也没有任何一个连通图是可以同化成 K_1 团的。

K_2 团,色数是 2,作不可同化道路并同化后最大是一个 K_3 团,仍是平面图(见图5-2)。色数是3,虽比 K_2 团的色数增大了1,但却小于4。图中罗马字母顶点各括号中的数字,是从不可同化道路 P_n 中同化过来的顶点名。

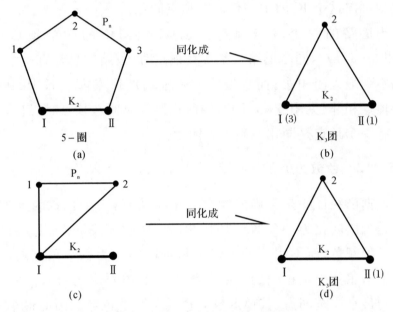

图5-2 K2团的不可同化道路

K_3 团,色数是3,作不可同化道路并同化后最大也只是一个 K_4 团,也是平面图(见图5-3)。色数是4,虽也比 K_3 团的色数增大了1,但却也不大于4。

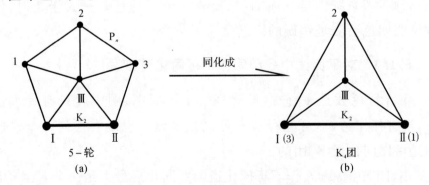

图5-3 K3团的不可同化道路

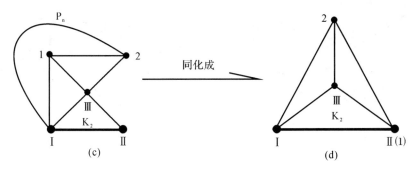

续图 5-3　K3 团的不可同化道路

可见顶点数小于 4 的 K_2 团和 K_3 团,作一条不可同化道路并同化后的图仍然是平面图,其色数都不大于 4。但这两种团最多只可能有一条不可同化道路,而不可能有两条可构成联的不可同化道路,否则图本身的密度就会增大,都变成了 4,而不是小于 4 了。

K_4 团作不可同化道路时,图中就出现了交叉边,变成了非平面图,同化后则是一个 K_5 团(见图 5-4),不再是四色猜测所研究的对象了。所以说平面图中的 K_4 团是不可能有不可同化道路的。

因为 K_5 团本身就不是平面图,本身就不是四色问题研究的对象,所以这里也就不再对其作不可同化道路了。

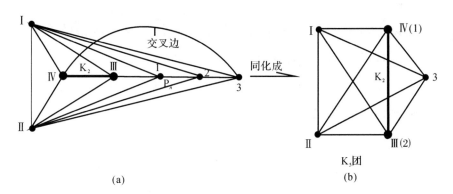

图 5-4　K4 团的不可同化道路

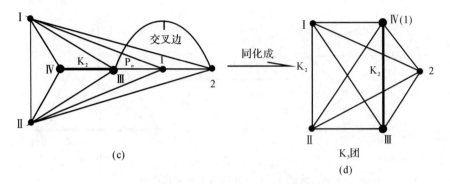

续图 5-4　K4 团的不可同化道路

5.1.4　K$_4$ 团作了不可同化道路后不再是平面图的证明

K$_4$ 团的顶点数是 4,边数是 6;不可同化道路 P$_n$ 的顶点数是 n,边数是 $n-1$;K$_4$ 团与 P$_n$ 道路相邻的边数是 $2n+2$;整个系统的顶点数是 $4+n$,边数是 $6+n-1+2n+2=3n+7$;顶点数是 $4+n$ 的平面图最大边数只可能是 $3\times(4+n)-6=3n+6$;显然 $3n+7>3n+6$,所以对 K$_4$ 团作了不可同化道路后,就不再是平面图了(见图 5-4)。

5.1.5　四色猜测是正确的

从以上对平面图的各种团所作不可同化道路后所得的图来看,在没有出现交叉边,即图没有变成非平面图之前,所有图的色数都是小于等于 4 的。这就证明了任何平面图的色数都是不大于 4 的。四色猜测得到证明是正确的。

5.2 根据米歇尔斯基操作原理，用反证法证明四色猜测

5.2.1 作一个图的色数比原图的色数大 1 的方法之二——米歇尔斯基操作法

数学家狄拉克 1953 年在其论文《k—色图的构造》一文中提出一个问题：对于任意大的一个正整数 k，是否存在一个图，不包含三角形但色数是 k？这一问题分别在 1954 年和 1955 年分别由勃兰克·斯德卡兹和米歇尔斯基（Mycielski）独立的作出了回答。米歇尔斯基给出的由一个不含三角形的 k 色图 G_k 构造一个不含三角形的 $k+1$ 色图 G_{k+1} 的方法是：设 G_k 的顶点是 $v_1, v_2, \cdots, v_n$，添加点 $u_1, u_2, \cdots, u_n$ 和点 u_0，将 u_i 与 v_i 所有相邻顶点及 u_0 相连，$1 \leqslant i \leqslant n$。如此得到的图就是一个不含三角形的 $k+1$ 色图。

这里所说的不含三角形的图实际上就是基图 G_k 的密度是小于 3 的图。米歇尔斯基的这一构造方法在图论界把它叫做 Mycielski—操作，简称 M—操作。M—操作过程又是可以递推的，即可以多次进行的。每进行一次 M—操作，图的密度（或最大团）并不发生变化，但其色数却增加 1。于是，就有了"存在无三角形且色数任意大的图"[4] 的说法。实际上，进行 M—操作时的基图的密度可以是任意的，不一定都得是密度小于 3 的图，所以也就有"在各种密度下都有色数是任意大的图"。请注意，这里所说的是"图"，而不只是指"平面图"。

米歇尔斯基操作方法：是在有 v 个顶点的、色数是 k 的图外，作一个有 u 个星点顶点的 u—星（注意，u—星的总顶点数是 $u+1$），并使 $u=v$。然后再把 u—星中的星点顶点 $u_i (1 \leqslant i \leqslant u=v)$ 与原图中

与 u_i 相对应的顶点 v_i 的所有相邻顶点都与 u_i 用边连接起来（注意，u—星的中心顶点 u_0 是与原图中的任何顶点都不相连的），这时所得到的图的色数就比原图的色数大 1，且图中的最大团不变。

M—操作后，之所以最大团保持不变，是因为每个星点顶点都只和原图中与其对应的顶点的相邻顶点相邻，而与这个对应顶点并不相邻，所得到的团的顶点数仍与原图中最大团的顶点数是相等的。之所以所得图的色数一定比原图的色数大 1，是因为 u—星中的 u 个星点顶点均是不相邻的，他们可以同化（凝结）成一个顶点。但这时，u 个星点顶点所凝结成的这个顶点，又与原图中的所有顶点都相邻了，这个顶点只能着原图中所用颜色以外的另一种颜色（因为 u—星的中心顶点 u_0 与原图中的任何顶点都不相邻，所以给其着上原图中的任何一种颜色都是可以的）。另一个原因是因为 u—星的各星点顶点和原图中与其相对应的顶点均不相邻，可把这 u 个星点顶点着以和原图中与其相对应的顶点相同的颜色，这样 u—星的星点顶点就占用完了原图中的所有颜色，剩下的 u—星的中心顶点 u_0 因与各星点顶点均相邻，所以就只能着以原图中所用颜色以外的另一种颜色了。

5.2.2 平面图的 M—操作

现在我们对任意的平面图进行 M—操作：假设四色猜测是正确的，那么就有"任何平面图的色数都是小于等于 4"的结论。若在M—操作后，得到的图不再是平面图了，不管其色数是多少，就都不再是四色问题研究的对象了，因为有些非平面图色数的却是小于等于 4 的。如 $K_{3,3}$ 图，色数是 2，虽然不大于 4，但却是一个典型的非平面图；若在 M—操作后，得到的图仍是平面图，但其中只要有一个图的色数是大于 4 的，则就可以否定假设，得出四色猜测是不正确的结论；若在 M—操作后，得不到有色数是大于 4 的平面图，就应该肯定假设是对的,四色猜测是正确的。

(1)图中无圈的情况(即只有一个面的情况的图)。

当图是 K_1 时,色数是 1,M—操作的结果,色数比原图大 1 是 2,虽不大于 4,但却是一个不连通的平面图,又是一个含有 K_2 团的、密度是 2 的图,不符合 M—操作最大团不变的要求(见图 5-5)。

当图是 K_2 时,色数是 2,M—操作的结果,色数比原图大 1 是 3,也不大于 4,也仍然是平面图的 5—圈(见图 5-6),同化后是一个 K_3 图。

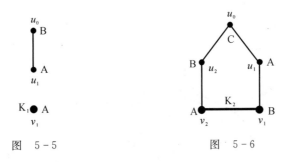

图　5-5　　　　　　　　　　图　5-6

当图是道路(见图 5-7),或者是从树的不相邻的枝节顶点上生出一个或者若干个叶子(顶点)的树(见图 5-8 中顶点 V_3 上生出的叶子 V_6,图 5-9 中顶点 V_3 上生出的叶子 V_6 和 V_7,图 5-10 中顶点 V_3 和 V_5 分别生出的叶子 V_8 和 V_9,也包括图 5-11 的 3—星这样最简单的树),它们的色数也都是 2,M—操作的结果,色数都比原图大 1 是 3,也不大于 4,图仍是平面图。但这时图中却既有了 4—圈,也有了 5—圈,再同化后也都是一个 K_3 图。

当在树图的某一个枝节顶点上,连续生出一个以上的叶子(见图 5-12 中的顶点 V_3 上连续生出叶子 V_6 和 V_7),或者相邻的枝节顶点上都有叶子生出(见图 5-13 中的顶点 V_2 和 V_3 上都生出叶子 V_7 和 V_6),它们的色数也都是 2,虽然 M—操作的结果,色数也比原图大 1 是 3,仍不大于 4,但图却成了一个非平面图,图中明显的出现了不可避免的交叉边（见图5-12和图5-13中的加粗的曲线边），当然也就不再是四色猜测研究的对象了。

可见，树图中只有一少部分图在进行了M—操作后仍然是平面图，而大部分的树图在M—操作后，也都是非平面图，也就不是四色猜测所研究的对象了。

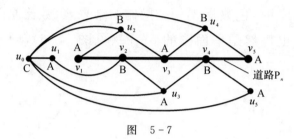

图　5-7

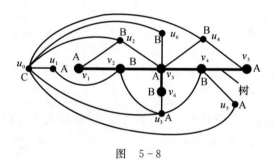

图　5-8

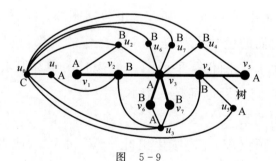

图　5-9

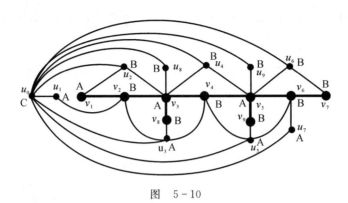

图　5-10

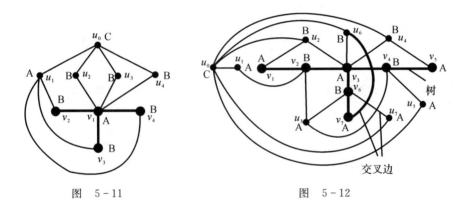

图　5-11　　　　　　　　　　　图　5-12

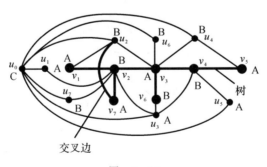

图　5-13

(2)图中有圈的情况(即有两个以上面的情况的图)。

当图是一个 3—圈(即 K_3 图)时,色数是 3,M—操作的结果,色数比原图大 1 是 4, 但不大于 4, 仍是一个平面图, 图中不但有 3—圈, 也有了 4—圈(见图 5-14), 同化后是一个 K_4 图。

当图是一个 4—圈时, 色数是 2, M—操作的结果, 色数比原图大 1 是 3, 虽不大于 4, 但却成了一个非平面图(见图 5-15), 当然, 非平面图就不是四色猜测研究的对象了。

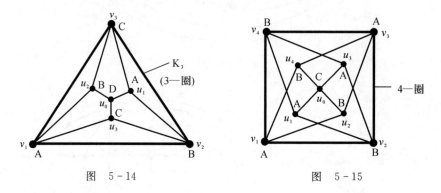

图 5-14   图 5-15

当图是一个 5—圈时, 色数是 3, M—操作的结果, 色数比原图大 1 是 4, 虽然也不大于 4, 但却也成了一个非平面图(见图 5-16), 它也就不再是四色猜测研究的对象了。

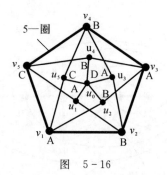

图 5-16

可见, 边数大于等于 4 的圈, 进行了 M—操作后的图, 都会成为非平面图, 不再是四色猜测研究的对象了。

5.2.3 除了 2—圈（即有平行边的多重 K_2 团）和 3—圈（即 K_3 团）以外的面数大于 2 的图进行 M—操作后都不再是平面图的证明

(1)在对图进行 M—操作时,先要作一个 n—星图,为了保证图中不出现交叉边,仍是平面图,这个 n—星就必须放在某个面内。n—星的有关星点顶点若与位于该面边界以内(也包括边界上)的顶点用边相连时,是不会产生相交叉的边的;但当 n—星的有关星点顶点与位于该面边界以外的任何顶点用边相连时,必然要产生相交叉的边,图也就变成了一个非平面图。因此,最多只能有两个面,且只能是有一个 3—圈的图,在进行 M—操作后的图才不会成为非平面图。

(2)2—圈是一个 2—重的 K_2 图,平行边相当于一条边,所以 2—圈实际上就是 K_2 图,色数是 2。从图 5-6 知道,K_2 图 M—操作后是一个 5—圈,仍是一个平面图,其色数是 3,比原来增大了 1,但仍小于 4。从图 5-16 又知道,5—圈进行了 M—操作后是一个非平面图,所以 2—圈进行第二次 M—操作后就成了非平面图。

(3)3—圈就是 K_3 图,也从图 5-14 知道,K_3 图 M—操作后仍是一个平面图。但因为 K_3 图 M—操作后,图中不但出现了 4—圈,且面数是大于 2 的,所以从图 5-14 和 5.2.3(1)可知,K_3 图在进行了第二次 M—操作后,也是一个非平面图。

因此,面数是 2 的图,除了 2—圈(即有平行边的多重 K_2 图)和 3—圈(即 K_3 图)外,进行 M—操作后的图均是非平面图,就不再是四色猜测研究的对象了。含有轮的图中,其面数都是大于 2 的,所以含有轮的图在进行了 M—操作后,也均不是平面图,也都不再是四色猜测研究的对象了。

M—操作后仍是平面图的图的必要条件是:面数是 1 的无圈图和边数(或顶点数)是小于等于 3 单圈图。但这不是充分条件。

5.2.4 除 K_1 图外任何平面图第二次 M—操作后都不再是平面图了

进行 M—操作后仍是平面图的只有 K_1、K_2，某些道路 P_n 和 K_3（即 3—圈），现在再看这些图进行第二次 M—操作的情况。

K_1 图 M—操作一次后，是含有一个 K_2 团的平面图（见图 5-5），色数是 2；这个图再进行一次 M—操作后，一定是如图 5-6 那样的图，是一个 5—圈，也是平面图，色数是 3，仍不大于 4；但因 5—圈进行 M—操作后是一个非平面图（见图 5-16），所以 K_1 图在进行了三次 M—操作后就成为了非平面图。

K_2 图 M—操作一次后，是一个 5—圈（见图 5-6），色数是 3，5—圈再进行 M—操作后的图是一个非平面图（见图 5-16），所以 K_2 图在进行了两次 M—操作后，也就成为了非平面图。

某些道路 P_n 在进行了一次 M—操作后，所得到的图中既有 4—圈，又有 5—圈（见图 5-7~图 5-11），但仍是平面图，色数也是 3。而 4—圈和 5—圈在进行 M—操作后的图都是非平面图，所以说，在一次 M—操作后仍是平面图的道路，在进行第二次 M—操作后也都成了非平面图；

3—圈（即 K_3 图）M—操作一次后，图中既有 3—圈，又有 4—圈（见图 5-14），色数是 4，也不大于 4。因 4—圈再进行 M—操作后的图是非平面图（见图 5-15），所以 3—圈（即 K_3 图）也是在进行了两次 M—操作后，就成了非平面图。

除了以上这些图以外，其他任何平面图的面数都是大于 2 的（包括 K_4 图的面数也是大于 2 的）。除了 3—圈外的任何面数等于 2 的圈（平面图），在进行一次 M—操作后的图都是非平面图，他们也都不再是四色问题所研究的对象了。

到此，就证明了除 K_1 图外的任何平面图，在进行了第二次 M—

操作后,就都不再是平面图了。

5.2.5　四色猜测是正确的

综上我们对任意的平面图都进行了 M—操作,M—操作后的结果仍是平面图的图的色数都是不大于 4 的,这就证明了开始的假设是正确的。任何平面图的色数都是不会大于 4 的,即四色猜测是正确的。

5.3　不可同化道路与米歇尔斯基操作的联系

一条不可同化道路和一次米歇尔斯基操作都可以在图的密度不变的情况下,使图的色数增大 1。当图是 K_1 时,既没有不可同化道路(因为其密度是 1,图中没有 K_2 团),也不能进行 M—操作(因为 M—操作后图的密度由 1 变成了 2,不符合 M—操作的要求,见图 5 - 5)。当图是 K_2 时,作一条不可同化道路后得到的是一个 5—圈(见图 5 - 2),色数是 3,比原色数大 1;K_2 进行了一次 M—操作后,得到的也是一个 5—圈(见图 5 - 6),色数也是 3,也比原色数大 1。当图是 K_3 时,作一条不可同化道路后得到的是一个 5—轮(见图 5 - 3),色数是 4,比原色数大 1;K_3 进行了一次 M—操作后,得到的是一个如图 5 - 14 的平面图,色数是 4,也比原色数增大了 1。虽然 K_2 和 K_3 作不可同化道路和进行 M—操作后的图的色数却都不大于 4,但也都不可能再有可与第一条构成联的第二条不可同化道路和进行第二次 M—操作,否则图的密度就会增大和就不再是平面图而是非平面图了,也就不再是四色问题研究的对象了。当图是 K_4 时,作了不可同化道路(见图 5 - 4),或进行了 M—操作,图也都不再是平面图而是非平面图了,也就不再是四色问题研究的对象了。

综上可以看出,作了不可同化道路和进行了 M—操作后,仍是平面图的图的色数都是不会大于 4 的,四色猜测是正确的。

当一个图进行了 M—操作后所得到的图仍是平面图时,必要的条件就是图中的面数一定要小于等于 2,且面数是 2 时,该两个面都是边数不大于 3 的圈。符合这一必要条件的只能是密度为 2 的无圈图(但无圈图进行了 M—操作后却不一定都是平面图,见图 5 - 12 和图 5 - 13)和密度为 3 的、且只含有一个 3—圈(或 K_3 团)的图。他们在进行了 M—操作后得到的图的色数分别是 3 和 4,这两种图对某个最大团作一条不可同化道路后的图的色数也分别是 3 和 4,均不大于 4。这两种图的任何一个最大团都不可能有可与第一条构成联的第二条不可同化道路,也都是不能进行第二次 M—操作的。K_4 图的面虽都是 3—圈,但其面数却是大于 2 的,进行 M—操作后的图是一个非平面图,而 K_4 图只要有了一条不可同化道路,也一定是一个非平面图(见图 5 - 4)。

综上可见,对平面图作不可同化道路,与对平面图进行 M—操作所得到的结论是一致的,都能说明任何平面图不管是有没有不可同化道路,也不管是否是进行了 M—操作,其色数都是不会大于 4 的。四色猜测的正确性得到证明。

6. "不画图,不着色"证明四色猜测的四种方法 [*]

6.1 用哈德维格尔猜想来证明

哈德维格尔猜想已经被证明是正确的,我们完全就可以利用这个猜想或者叫作定理来证明四色猜测。

哈德维格尔猜想说:任何色数是 n 的图,一定可以同化(同化即收缩运算,就是把图中不相邻的顶点凝结在一起的过程)为一个完全图 K_n。因为四色问题研究的对象是平面图,所以我们首先要假设图是一个亏格是 0 的、色数是 n 的平面图。根据哈德维格尔猜想,这个图一定是能同化为一个完全图 K_n 的,这个完全图 K_n 的亏格也一定是 0,即是一个平面图,否则就与假设发生了矛盾。

根据哈德维格尔猜想,色数是 n 的平面图(亏格为 0)一定可以同化为一个完全图 K_n,且亏格是 0,即 K_n 仍是平面图。已知平面图中最大的完全图是 K_4,即在平面图中,所有完全图的顶点数 n 都是小于等于 4 的,因此也就有原图的色数 n 也是小于等于 4 的。这就证明了任何平面图的色数都小于等于 4,可证四色猜测是正确的。

* 此文已于 2017 年 2 月 1 日在《中国博士网》上以《不用"不可免集"证明四色猜测的四种方法》发表过(网址是:http://www.chinaphd.com/cgi－bin/topic.cgi? forum＝5&topic＝3232&show＝0)。收入本书时曾作了部分修改。

6.2　用图的色数一定等于图的最小完全同态的顶点数来证明

哈拉里在他的《图论》一书中说:任意图的色数一定等于它的最小完全同态的顶点数[5]。最小完全同态就是利用同化运算把图变成一个顶点数最少的完全图,这个完全图就是原图的最小完全同态。显然,同化时一定是把不相邻的顶点凝结在一起的,而不相邻的顶点也可以着成同一颜色。当然最后的最小完全同态的顶点数就一定是原图的色数。

同样也是因为四色问题研究的对象是平面图,所以我们首先要假设图是一个亏格是 0 的平面图。当然其最小完全同态的亏格也一定是 0,是一个平面图,否则也就与假设发生了矛盾。

根据哈德维格尔的猜想,任何平面图一定可以同化为一个仍是平面图的完全图 K_n,这个完全图 K_n 就是原图的最小完全同态。根据哈拉里说的"任意图的色数一定等于它的最小完全同态的顶点数"的理论,K_n 的顶点数 n 就是原图的色数。而平面图中的完全图的顶点数一定是小于等于 4 的,所以平面图的最小完全同态的顶点数也一定小于等于 4。这就证明了任何平面图的色数都小于等于 4,即四色猜测是正确的。

6.3　用不可同化道路的条数小于等于图的密度的一半来证明

6.3.1　不可同化道路

不可同化道路是图的某个最大团外的一条道路。该道路中总有 1 个顶点同化不到最大团中去(见图 5-1)。如 5—圈的,最大团

是 K_2,5—圈中每个 K_2 团外的其他顶点中,总有 1 个顶点是不能同化到这个 K_2 团中去的(见图 5-2 等)。若有 S 条这样的道路构成了联,就应有 S 个顶点同化不到最大团中去。这是因为联中的每 1 条路中的每 1 个顶点都与其他道路中的所有顶点均相邻。但这 S 条道路的联的密度(即联中最大团的顶点数,它是构成联的所有道路的密度 2 的和)$2S$ 一定小于等于图的密度(图中最大团的顶点数)ω,即有 $2S \leqslant \omega$,所以有 $S \leqslant \frac{1}{2}\omega$。

6.3.2　图顶点着色色数的界

由于图的色数一定是不会小于图的最大团的顶点数的,所以图的色数 γ 的下限是 $\omega \leqslant \gamma$,同化不到最大团中去的顶点的颜色,必须用最大团各顶点所用颜色以外的颜色,所以图的色数的上限是 $\gamma \leqslant \omega + S \leqslant \omega + \frac{1}{2}\omega \leqslant 1.5\omega$。因此就有图的色数的界是 $\omega \leqslant \gamma \leqslant 1.5\omega$。

6.3.3　密度为 1、2、3 的平面图的色数都小于等于 4

因为四色问题研究的对象是平面图,而平面图的密度一定是小于等于 4 的,即平面图中最大团的顶点数一定是小于等于 4 的。把平面图的密度 $\omega=1$、$\omega=2$、$\omega=3$ 分别代入图的色数的界 $\omega \leqslant \gamma \leqslant 1.5\omega$ 中,都有 $\gamma \leqslant 4$ 的结果,不可同化道路的条数 S 最大也都是 1,且都小于等于图的密度 $\omega=2$ 和 $\omega=3$ 的一半;而把 $\omega=4$ 代入 $\omega \leqslant \gamma \leqslant 1.5\omega$ 中时,就出现有 $\gamma > 4$ 的可能,但我们可以证明在密度 $\omega=4$ 的平面图中,根本就不可能存在不可同化道路,即在 $\omega=4$ 时,有 $S \equiv 0$ 和 $\gamma \equiv 4$。

6.3.4　密度 $\omega=4$ 的平面图中,根本就不可能存在不可同化道路的证明

这里首先要把不可同化道路与最大团的关系再说明一下:设最

大团的顶点数是ω,不可同化道路的顶点数是n,这n个顶点均与最大团中的$\omega-2$个顶点相邻,不可同化道路的2个端点顶点又分别与最大团中的另外2个顶点之一相邻。这样的道路中一定有一个顶点是同化不到最大团中去的。

在最大团与不可同化道路构成的系统中,顶点数是$(\omega+n)$个,其边数总数是:①最大团的边数为$\dfrac{\omega(\omega-1)}{2}$;②不可同化道路的边数为$n-1$;③二者相邻的边数为$n(\omega-2)+2$,三者之和。即系统的总边数是$\dfrac{\omega(\omega-1)}{2}+n-1+n(\omega-2)+2$。当$\omega=4$时,上式就成为$6+3n+1=7+3n$,而顶点数是$4+n$的平面图的最大边数只能是$3\times(4+n)-6=12+3n-6=6+3n$,显然$7+3n>6+3n$。这时的图就不再是平面图了。所以,在密度是$\omega=4$的平面图中,就不可能有不可同化道路的存在,其色数也就不可能大于最大团的顶点数4。

综上所述,各密度条件下的平面图的色数都不大于4,这就证明了四色猜测是正确的。

6.4　用米歇尔斯基操作来证明

6.4.1　米歇尔斯基操作的定义

米歇尔斯基操作(简称M—操作)是一个作图的方法,是作出一个图的色数比原图的色数大1的方法。该方法是:在顶点数是n的原图外,作一个n—星,使星的中心顶点u_0不与原图的任何顶点相邻,星点顶点u_i只与其所对应的原图中的v_i顶点的相邻顶点相邻(u_i与v_i并不直接相邻),这样得到的图的色数就会比原图的色数大1,但图中的最大团的顶点数却并不增大。如一个K_2图的色数是2,进行了M—操作后得到一个5—圈,这个5—圈的色数是3,比原图K_2

图的色数大 1，但其最大团仍是 K_2，最大团的顶点数仍是 2（见图 5-6）。

6.4.2 密度是 2 的平面图的色数是不会大于 3 的

一个 K_2 图的色数是 2，在进行了一次 M—操作后，得到一个 5—圈，仍是平面图，色数是 3，比原来大 1。因为对顶点数大于等于 4 的圈进行 M—操作后，图就不再是平面图了（见图5-15和图5-16），所以说密度是 2 的平面图的色数不会大于 3。

6.4.3 密度是 3 的平面图的色数是不会大于 4 的

一个 K_3 图（3—圈）的色数是 3，进行了 M—操作后得到一个既有 3—圈，又有 4—圈的平面图，色数是 4，比原图大 1（见图 5-14）。同样，也因为对顶点数大于等于 4 的圈进行 M—操作后，图就不再是平面图了，所以说密度是 3 的平面图的色数不会大于 4。

6.4.4 密度是 4 的平面图 M—操作后是一个非平面图

一个 K_4 图（3—轮）的色数是 4，进行了 M—操作后得到的是一个非平面图（读者可以自己画图试试），所以说密度是 4 的平面图的色数恒等于 4。

6.4.5 密度是 1 的平面图不能进行 M—操作

至于 K_1 图（平凡图），其色数是 1，在进行了 M—操作后得到的图的色数虽然是 2，但得到的图却是一个密度是 2 的、不连通的平面图（见图 5-5），图中的最大团发生了变化，所以说密度是 1 的平面图不能进行 M—操作。

综上所述，在各种条件下的平面图，进行了 M—操作后，所得到的图仍是平面图时，其色数都是不大于 4 的，这也就证明了四色猜测是正确的。

6.4.6 顶点数大于等于 4 的圈,在 M—操作后所得的图不再是平面图的证明

n—圈的顶点数是 n,边数也是 n;n—星的顶点数是 $n+1$,边数是 n;n—圈上的每个顶点都与两个顶点相邻,所以 n—星的每一个星点顶点都与原图中的 2 个顶点相邻,共有 $2n$ 条边。这样一个 n—圈的 M—操作系统图中,顶点数是 $n+n+1=(2n+1)$ 个,边数是 $n+n+2n=4n$ 条。$2n+1$ 个顶点的平面图的最大边数只可能是 $3\times(2n+1)-6=6n+3-6=6n-3$ 条。当 $n=4$ 时,图的边数则是 $4\times4=16$,虽然不大于该图是平面图时的最大边数 $6n-3=6\times4-3=21$,但图中已明显的产生了不能去掉的交叉边,是一个非平面图(见图 5-15),这就从作图的实践中证明了顶点数大于等于 4 的圈,在 M—操作后所得的图就不再是平面图了。

边数大于 $3v-6$ 的图一定不是平面图,但边数小于等于 $3v-6$ 的图却不一定都是平面图,比如 $K_{3,3}$ 图,有 6 个顶点,9 条边,小于 $3v-6=3\times6-6=12$,但 $K_{3,3}$ 却是一个典型的非平面图。

6.4.7 K_4 团在 M—操后所得的图不再是平面图的证明

K_4 团的顶点数是 4,边数是 6;4—星的顶点数是 5,边数是 4;M—操作所增加的边数是 $4\times3=12$(一个星点与 K_4 团中的三个顶点相邻)。系统总顶点数是 $4+5=9$,边数是 $6+4+12=22$。9 个顶点的平面图的最大边数 $3v-6=3\times9-6=21$,$22>21$ 显然就不再是平面图了。这就证明了 K_4 团在进行了 M—操后所得的图就不再是平面图了。

6.5　任何平面图的色数都不会大于其密度的1.5倍

前面在用"不可同化道路"对四色猜测的证明中,得到了"任意平面图的色数都不大于其密度的 1.5 倍"的结论,而在用"米歇尔斯基操作"对四色猜测的证明中,又得出了"在各种密度下都有色数是任意大的图"的结论,这显然是矛盾的。的确密度是 2 和 3 的平面图的最大色数只可能分别是 3 和 4(见图 5 - 2 和图 5 - 3),密度是 1 和 4 的平面图的最大色数也只能分别是 1 和 4,均不大于其密度的 1.5 倍。在进行 M—操时,密度是 2 和 3 的图在进行了 M—操作后所得到的图的色数也分别是 3 和 4(见图 5 - 6 和图 5 - 14),若对密度是 2 和 3 的图再进行第二次 M—操作后,就不再是平面图了。因此密度是 2 和 3 的平面图在进行了 M—操作后仍是平面图时的最大色数只能分别是 3 和 4,均不大于其密度的 1.5 倍;而密度是 1 的图 M—操作后所得到的图的密度却增大了(见图 5 - 5),不符合 M—操作的要求;密度是 4 的图 M—操作后所得到的图则是一个非平面图(图读者自己可动手画一画),就不再是四色问题研究的对象了。由此可以看出,任何平面图的色数都不会大于其密度的 1.5 倍的结论是正确的。

7. 纯公式推导证明四色
猜测的三种方法 *

7.1 用平面图中可嵌入的最大
完全图的顶点数来证明

已知顶点数 $v \geqslant 3$ 的图都有 $3f \leqslant 2e$ (f 是面数，e 是边数) 的关系，把 $f \leqslant \dfrac{2}{3} e$ 代入多阶曲面上图的欧拉公式 $v + f - e = 2(1 - n)$，(n 是图的亏格)，得

$$e \leqslant 3v - 6(1 - n)(v \geqslant 3) \tag{7-1}$$

式 (7-1) 就是多阶曲面上图中顶点与边的关系。当图是完全图时，还应有 $e = \dfrac{v(v-1)}{2}$ 的关系，把 $e = \dfrac{v(v-1)}{2}$ 代入式 (7-1) 得

$$\frac{v(v-1)}{2} = 3v - 6(1 - n)$$

$$v^2 - 7v + 12(1 - n) \leqslant 0 \tag{7-2}$$

解一元二次不等式 (7-2)，得其正根为

$$v \leqslant \frac{7 + \sqrt{1 + 48n}}{2} \ (v \geqslant 3)$$

由于顶点数 v 必须是整数，所以此式还得向下取整，得

---

* 此文已于 2017 年 2 月 1 日在《中国博士网》上发表过（网址是：http://www.chinaphd.com/cgi—bin/topic.cgi? forum＝5&topic＝3233&start＝0♯1)。收入本书时作了少量的修改。

$$v \leqslant \left\lfloor \frac{7 + \sqrt{1 + 48n}}{2} \right\rfloor (v \geqslant 3) \qquad (7-3)$$

式(7-3)中的 v 就是可嵌入亏格是 n 的曲面上的完全图的顶点数。平面图的亏格是 0，把 $n = 0$ 代入式(7-3)中，得

$$v \leqslant 4 \qquad (7-4)$$

式(7-4)就是可嵌入亏格为 0 的平面上的完全图的顶点数。

公式(7-4)也可以直接从平面图的边与顶点的关系式 $e \leqslant 3v - 6 \ (v \geqslant 3)$ 得来。把完全图中边与顶点的关系 $e = \dfrac{v(v-1)}{2}$ 代入 $e \leqslant 3v - 6$ 中，得

$$v^2 - 7v + 12 \leqslant 0 \ (v \geqslant 3) \qquad (7-5)$$

解式(7-5)得

$$v_1 \leqslant 4, \quad v_2 \leqslant 3 \qquad (7-6)$$

由于 $v_2 \leqslant 3$ 包含于 $v_1 \leqslant 4$ 中，所以实际只有一个根

$$v_1 \leqslant 4 \qquad (7-6)$$

与上面的式(7-4)完全相同。由于完全图着色，所需颜色数就是其顶点数，把式(7-3)中的顶点数 v 换成颜色数 γ，则式(7-3)变成

$$\gamma \leqslant \left\lfloor \frac{7 + \sqrt{1 + 48n}}{2} \right\rfloor \quad (v \geqslant 3) \qquad (7-7)$$

把 $n = 0$ 代入式(7-7)中，得

$$\gamma \leqslant 4 \qquad (7-8)$$

式(7-8)就是平面上完全图的色数，是不大于 4 的。因为图的色数就是其最小完全同态的顶点数，而任何平面图的最小完全同态也一定是平面上的完全图，所以式(7-8)也就是任意平面图的色数公式。因为 $\gamma \leqslant 4$，这也就证明了四色猜测是正确的。

7.2 用平面(或球面)上不
存在五色地图来证明

设在某亏格为 n 的曲面上有一个 γ 色的地图,按坎泊的思想,那么就应该存在一个"国数最小的" γ 色地图。这个"国数最小的"地图中也就只应有 γ 个"国家"。这个"国数最小的"地图中的"国家"数 γ,实际上就相当于图的最小完全同态的顶点数。

设这个"国数最小的"地图中的区域数(即"国数")为 f,每一个区域都与别的 $f-1$ 个区域相邻,每一个区域都有 $f-1$ 条边界线,f 个区域总共就有 $f(f-1)$ 条边界线。因为每条边界线都是两个区域所共有的,而在这些边界线中,每条边界线都计算了 2 次,所以就有 $2e=f(f-1)$;又因为地图是一个 3— 正则图,即每一个顶点都连着 3 条边(即所谓的"三界点"),所以该地图的总边数也可以写成 $e=\dfrac{3}{2}v$,即有 $2e=3v$,从而有 $3v=2e=f(f-1)$ 的关系。用区域数(即面数)f 来表示顶点数 v 和边数 e,则有 $v=\dfrac{f(f-1)}{3}$ 和 $e=\dfrac{f(f-1)}{2}$。把 $v=\dfrac{f(f-1)}{3}$ 和 $e=\dfrac{f(f-1)}{2}$ 代入到多阶曲面上图的欧拉公式 $v+f-e=2-2n(1-n)$ 中,则得到

$$f^2-7f+12(1-n)=0 \tag{7-9}$$

解这个关于"国数最小的"地图中的区域(国家)数 f 的一元二次方程 $(7-9)$,得到的正根是

$$f=\frac{7+\sqrt{1+48n}}{2}$$

因为区域数必须是整数,所以上式还需向下取整,得

$$f=\left\lfloor \frac{7+\sqrt{1+48n}}{2} \right\rfloor \tag{7-10}$$

又因为 f 是两两均相邻的"国数最小的"地图的"国数",即区域

数,所以这个"国数最小的"地图染色时也必须用与其区域数相同的颜色数,所以又有

$$\gamma = f = \left\lfloor \frac{7 + \sqrt{1 + 48n}}{2} \right\rfloor \qquad (7-11)$$

式(7-11)中当曲面的亏格为 $n=0$ 时,其两两区域均相邻的区域数和色数都是等于 4 的,即

$$\gamma = f = 4 \qquad (7-12)$$

式(7-12)这个结果说明了平面地图中不存在五个区域两两均相邻的情况,即不存在五色地图。

式(7-12)实际上是当曲面的亏格为 $n=0$ 时,其两两区域均相邻的区域数 f 的最大值,当然色数 γ 也就是最大值了,即有 $\gamma = f \leqslant 4$,也就是说(平面)地图着色的色数小于等于 4。这就证明了地图四色猜测是正确的。

地图中两两均相邻的区域的个数不大于 4(即不存在五色地图)还可以直接用平面图的欧拉公式来证明。把 $v = \dfrac{f(f-1)}{3}$ 和 $e = \dfrac{f(f-1)}{2}$ 代入到平面图的欧拉公式 $v + f - e = 2$ 中,则得到

$$f^2 - 7f + 12 = 0 \qquad (7-13)$$

解式(7-13)得到的两个正根分别是

$$f = 4 \text{ 和 } f = 3$$

两个正根均小于 5,也说明了平面地图中只能存在 3 个或 4 个区域两两相邻,而不存在 5 个区域两两相邻的情况,即不存在五色地图。

按坎泊的思想,只要能证明平面地图中不存在五色地图,那么地图四色猜测就是成立的。现在已经证明了平面地图中的确不存在五色地图,所以地图四色猜想就是正确的。地图四色猜测是正确的,那么给地图的对偶图 —— 极大平面图 —— 的顶点着色,也就只要四种颜色就够用了。由此证明四色猜测是正确的。

7.3 用赫渥特地图着色公式来证明

顶点数 $v \geqslant 3$ 的图都有 $3f \leqslant 2e$ 的关系,把 $f \leqslant \dfrac{2}{3}e$ 代入多阶曲面上图的欧拉公式 $v+f-e=2(1-n)$ 中得

$$e \leqslant 3v-6(1-n)(v \geqslant 3) \tag{7-14}$$

注意,这里对图的亏格可是没有任何限制的。再把完全图边与顶点的关系 $e=\dfrac{v(v-1)}{2}$ 代入式(7-14)中得

$$\frac{v(v-1)}{2} \leqslant 3v-6(1-n)$$

即

$$v^2-7v+12(1-n) \leqslant 0 \tag{7-15}$$

解式(7-15),得其正根是

$$v \leqslant \frac{7+\sqrt{1+48n}}{2} \quad (v \geqslant 3)$$

由于顶点数 v 必须是整数,所以此式还需向下取整,得

$$v \leqslant \left\lfloor \frac{7+\sqrt{1+48n}}{2} \right\rfloor \quad (v \geqslant 3) \tag{7-16}$$

公式(7-16)就是可嵌入亏格为 n 的曲面上的最大完全图的顶点数。因为完全图的色数 γ 就等于其顶点数 v,即有 $\gamma_{完}=v$,所以又有多阶曲面上图的色数是

$$\gamma_{图} \leqslant \left\lfloor \frac{7+\sqrt{1+48n}}{2} \right\rfloor \quad (v \geqslant 3) \tag{7-17}$$

式(7-17)就是赫渥特的多阶曲面上的地图着色公式,它适用于任何亏格的图。四色猜测研究的是平面(球面)上的图的着色,把平面(球面)图的亏格等于 0 代入式(7-17)中,得 $\gamma_{平} \leqslant 4$,这就证明了四色猜测是正确的。

7.4 林格尔公式与赫渥特地图着色公式是 互为反函数的,可以相互推导,但不 能用以相互证明

林格尔公式与赫渥特地图着色公式互为反函数,可以相互推导。林格尔公式 $n = \left\lceil \dfrac{(v-3)(v-4)}{12} \right\rceil (v \geqslant 3)$ 表示的是不同顶点数的完全图的亏格数。它和赫渥特的地图着色公式同样都是式(7-2)中的一元二次不等式的解的一种形式。在式(7-2)中,有两个可变的参数,一是图的顶点数 v,另一是图的亏格 n。两个参数都可作为自变量,而把另一个作因变量求其值。上面赫渥特的地图着色公式就是把图的亏格 n 作自变量,求某亏格 n 下的最大完全图的顶点数 v 值的公式;而林格尔公式则是把图的顶点数 v 作自变量,求顶点数是 v 的完全图的亏格 n 的。由于某一顶点数的完全图的亏格是它可嵌入曲面的最小亏格,只可能是一个,所以林格尔公式中只用了等式且向上取整。林格尔公式与赫渥特地图着色公式互为反函数,可以相互推导,但不能用来相互进行证明,否则就成了循环论证。

当时赫渥特是怎么得到他的地图着色公式的,我们不可能知道。但我们在推导该公式的过程中,是没有对图的亏格附加任何条件的。这种可以经过严密数学推导而得到的结论,是不需要再进行证明的,因为推导过程中的每一步都是符合逻辑的。严密的数学推导的过程,就是证明的过程。因为林格尔公式与赫渥特地图着色公式是互为反函数的,所以用林格尔公式证明赫渥特的地图着色公式,或者反过来又用赫渥特的地图着色公式证明林格尔的公式,都是错误的。

以上三种方法也属于“不画图,不着色”证明四色猜测的方法。

8. 证明四色猜测的其他三种方法[*]

8.1 用反证法进行证明

五色地图就是需要用 5 种颜色着色的地图,最小五色地图就是地图中只有 5 个区域,且每 2 个区域都是相邻的地图。按坎泊的想法,如果不存在五色地图,则地图四色猜测就是正确的。

现在我们假设这种五色地图存在,则一定也存在最小的五色地图。由于最小五色地图中每一个区域都与其他的 4 个区域相邻,所以每个区域就有 4 条边界线,5 个区域共有 20 条边界线,但每条边界都是 2 个区域所共有,所以该最小五色地图实际应有 10 条边界线(即图的边数 $e=10$)。又由于地图是一个 3—正则图,所以有 $3v=2e$ 的关系。把最小五色地图的边数 $e=10$ 代入 $3v=2e$ 中,得到顶点数 $v=\frac{20}{3}$,不是整数,这是不符合图的顶点数必须是整数的要求的,应该否定假设。这就说明我们假设的最小五色地图是不存在的。

按坎泊的想法,这也就证明了地图四色猜测是正确的。同样的,平面图的四色猜测也是正确的。故而四色猜测正确。

---

* 此文已于 2017 年 2 月 1 日在《中国博士网》上发表过(网址是:http://www.chinaphd.com/cgi—bin/topic.cgi? forum=5&topic=3234&start=0♯1)。收入本书时作了少量的修改。

8.2　用数学归纳法进行证明

用 v 表示图的顶点数,e 表示图的边数,f 表示图的面数,γ 表示图的色数。

（1）当 $v=1$ 时,一种颜色就够用了,$\gamma=1<4$。

（2）当 $v=2$ 时,两种颜色也就够用了,$\gamma=2<4$。

（3）当 $v=3$ 时,边数最多时的图是 K_3 图,是一个极大图,也是一个完全图,两两顶点均相邻,必须用三种颜色着色,$\gamma=3<4$。

（4）当 $v=4$ 时,在 K_3 基础上新增加的这第 4 个顶点,只有位于 K_3 图的一个面内时,最多可以增加 3 条边,使 K_3 变成为一个极大图 K_4,K_4 也是一个完全图,两两顶点也均相邻,着色时四种颜色也就够用了,$\gamma=4\not>4$。

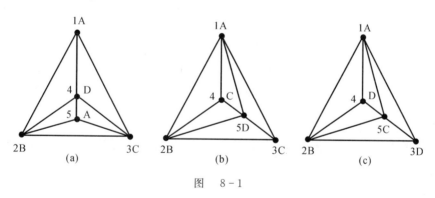

图　8-1

（5）当 $v=5$ 时,新增加的顶点,可以在 K_4 图中的一个面内,也可以在 K_4 图的一条边上,只要在图不变成非平面图的情况下,尽可能多的使该顶点与 K_4 图中的其他顶点都相邻,最后都可以成为一个极大图:若该顶点处在 K_4 图的一个面内时,它只能与 3 个顶点相邻〔见图 8-1(a) 中的顶点 5〕,还有除了这 3 个顶点所着颜色以外的第 4 种颜色可着;若该顶点是处在 K_4 图中的一条边上时,它也只能与 4

个顶点相邻〔见图 8-1(b) 和 (c)〕,按照坎泊在 1879 年的证明,这个顶点一定是能着上 4 种颜色之一的。这就证明了 $v=5$ 时的极大图也是可 4— 着色的,其色数 $\gamma=4 \not> 4$。

从图 8-1 中还可以看出,不管增加的顶点是增加在何处,图中都是因增加了 1 个顶点而增加了 3 条边和 2 个面。若继续在图中增加顶点,仍然是增加 1 个顶点,最多增加 3 条边和 2 个面,图也都不会变成非平面图,且所得到的图一定都是极大图,就一定都是可 4— 着色的,色数都是 $\gamma=4 \not> 4$。

当 $v=k$ 时,这个极大图当然也是可 4— 着色的,色数仍是 $\gamma=4 \not> 4$。已知在极大图中都有 $e=3v-6$ 和 $f=2v-4$ 的关系,所以这里也应有 $e=3k-6$ 和 $f=2k-4$ 的关系;当 $v=k+1$ 时,按上面的证明和分折,所增加的这一个顶点不但是可以着上图中已用过的 4 种颜色之一的,而且图中也因增加了这一个顶点而增加了 3 条边和 2 个面,使得图的边数和面数分别变成了 $e+3$ 和 $f+2$。从而有 $e+3=3(k+1)-6$ 和 $f+2=2(k+1)-4$,化简后仍有 $e=3k-6$ 和 $f=2k-4$ 的关系,所以图仍是一个极大的平面图。

到此就证明了任何极大图都是可 4— 着色的。因为在相同顶点数的平面图中,极大图的边数是最多的,所以边数比极大图少的任意平面图的色数也一定不会大于 4。这也就证明了四色猜测是正确的。

8.3 用断链法进行证明

一个构形中的待着色顶点,如果在其围栏顶点所占用的颜色数未达到 4 时,该待着色顶点都是可以直接着上 4 种颜色之一的;如果围栏顶点已占用完了 4 种颜色,则必须想办法从围栏顶点中空出一种颜色来,然后给待着色顶点着上。如何空出颜色,这就得灵活的运用坎泊的颜色交换技术了。

　　用坎泊的颜色交换技术，空出颜色来给待着色顶点着上的原则是：在以待着色顶点为中心顶点的轮中，首先对角顶点间的颜色所构成的色链是不是连通的链。如果是不连通的链，才可以进行交换，也才能空出颜色给待着色顶点。而如果是连通链，即便是交换了这种链也是空不出颜色来的。

　　4—轮构形中只可能有一条连通链，另一条则一定是不连通的。该构形一定是可以通过坎泊的颜色交换技术，空出一种颜色给待着色顶点着上的。而5—轮构形的情形就不同了，其中有可能有2条连通链的情况。若两链只有一个共同的起点（或是只有一个交叉顶点）时，也一定是可以通过坎泊的颜色交换技术，空出颜色来给待着色顶点的。而只有当2条连通链既有共同的起点，中途又有交叉顶点时，则难以通过用交换5—轮对角链的办法解决问题。这种情况该怎么办？可以想到，既然不连通的链是可以交换的，那么是否可以把已连通的链变成不连通的呢？答案是完全可以的。没有了连通链，或者只有1条连通链，一定是可以通过交换，空出颜色给待着色顶点的。这种方法我们叫做"断链法"。

　　断链方法的原理是：用四种颜色A、B、C、D所能构成的链有6种，即A—B、A—C、A—D、B—C、B—D和C—D。如果在5—轮轮沿顶点（即围栏顶点）外有A—C链是连通的，则该链中的着A色和C色的顶点在该链以外，只能与着B色和D色的顶点相邻，构成A—B链和A—D链或者C—B链和C—D链。从A—C链上的任何一个A色或C色的顶点起，开始交换上述的A—B链或A—D链（或者C—B链或C—D链）中的一种，都可以使A—C链上开始交换的A色顶点或C色顶点变成B色或D色，使A—C链断开。这一步就是"断链的交换"，但这种交换只能断链，而不能空出颜色。只能为下一步空出颜色的交换，作好技术上的条件准备。A—C链已经断开了,成了不连通的链,这样就可以从5—轮轮沿中的 A 色顶点或 C 色顶点开始进行 A—C 链的空出颜色的交换,空出 A 或 C 来给待着色的5—轮中心顶点着上。

我们在对赫渥特图和敢峰-米勒图的着色中,使用的就是这种方法,所交换的链中均含有 2 条连通且相交叉的链 A—C 和 A—D 中的顶点。可以说任何平面图中的任何链都是可以通过这一方法"断开"的。连通链断开了,就可以通过施行坎泊的空出颜色的颜色交换技术,空出已用过的 4 种颜色之一,给待着色顶点着上。也就可以说,任何平面图着色时是不会用到第五种颜色的。这也就证明了四色猜测是正确的。

9. 四色猜测的证明在
否定之否定中前进*

9.1　四色猜测的最早期证明

　　四色猜测于 1852 年由英国的绘图员法朗西斯提出,但他无法证明该猜测是否正确。1879 年律师出身的英国数学家坎泊给了一个还存在"漏洞"的第一个证明,所用的方法是坎泊自己所创造的颜色交换技术。紧接着,1880 年泰特也给出了一个证明,他的根据是一个错误的猜想:"每个平面三次图都有哈密顿圈"(许寿椿,《图说四色问题》)。这里的"平面三次图"就是指无割边的 3—正则平面图,即地图)。泰特是如何证明的我们没有看到,只知道他的根据就是错误的(1946 年图论大师塔特已构造出了不含哈密顿圈的三次平面图——塔特图)。与此同时,泰特还提出了一个猜测想:无割边的3—正则平面图的可 3—边着色,等价于其可 4—面着色。只要能证明这个猜想是正确的,也就可以证明地图四色猜测是正确的,当然也就可以证明平面图的四色猜测是正确的。

9.2　对最早期证明的否定

9.2.1　赫渥特对坎泊证明的否定

　　在坎泊给出证明 11 年后的 1890 年,牛津大学就读的青年赫渥特构造了一个图——赫渥特图,指出了坎泊的证明中有"漏洞"(在

　　* 注:此文已于 2018 年 3 月 9 日在《中国博士网》上发表过,网址是:http://www.chinaphd. com/cgi—bin/topic. cgi? forum＝5&topic＝3549

赫渥特构造了赫渥特图 82 年后的 1972 年，Saaty 也构造了一个与赫渥特图有同样结构的图，也指出了坎泊的证明中有"漏洞"）。的确，这个图就是坎泊证明中所"漏掉"了的一种构形。该构形中两条连通的 A—C 链和 A—D 链不但有同一个着有 A 色的共同起始顶点，而且在中途还存在着着有 A 色的相交叉顶点，不但不能移去 A、C、D 三色之一，也不能同时移去两个同色 B。可惜的是赫渥特虽然指出了坎泊证明中的"漏洞"，但他却没有给出解决赫渥特图 4—着色的办法，并且坎泊也没有办法给以解决。从此四色猜测的证明就处在了整整 100 年停止不前的状况。赫渥特图也就在这 100 年里未能进行 4—着色（Saaty 在 1972 年能构造出与赫渥特图有同样结构的图，就能充分的说明至少在这 80 多年里，赫渥特图是没有能够4—着色的）。

有人说，赫渥特图并不是不能进行 4—着色，它并不是对四色猜测的否定，而只是指出了坎泊的证明方法中有"漏洞"。请问，赫渥特本人对他的图的 4—着色模式在什么地方呢？有资料吗？后来，赫渥特又用了坎泊的颜色交换技术，证明了所谓的"五色定理"，这不就说明了赫渥特既不能对他的图进行 4—着色，又对四色猜测进行了否定了吗？如果赫渥特对他的图能够进行 4—着色，他还证明"五色定理"干什么呢？请读者看一看，在从 1890 年到 1990 年的100 年里，有人对赫渥特图进行了 4—着色吗？文献资料中有对其进行了 4—着色的模式吗？

赫渥特虽然没有对他的图进行 4— 着色，也没有说四色猜测是正确还是不正确，但却得到了一个多阶曲面上地图的着色公式 $\gamma_n \leqslant \left\lfloor \dfrac{7+\sqrt{1+48n}}{2} \right\rfloor$（式中，$n$ 是多阶曲面的亏格；γ 是多阶曲面上地图的着色数）。该公式说明任意亏格的多阶曲面上的地图着色的色数，决不会大于用公式所计算的值。许寿椿教授在他的《图说四色问题》一书中说：赫渥特指出，对于球面（或平面），其亏格为零，即 $n=0$，此时 $\gamma_0 \leqslant 4$，这就是四色定理。并说："希伍德仅仅证明了公式在几种简单情况下是成立的。"这里的几种简单情况，就应是指曲面的亏格 $n=0$、1、2、3 等几种简单的情况。但由于赫渥特图一百多年来还没有进行 4— 着色，所以人们在书写赫渥特多阶曲面上的地图着色公式时，总是在其后带有一个附加条件：$n>0$。

9.2.2 塔特对泰特证明的否定

在泰特给出证明 66 年后的 1946 年，著名的图论大师塔特构造了一个没有哈密顿圈的平面三次图——塔特图，这时人们才知道了泰特的证明也错了。而泰特的猜想——无割边的 3—正则平面图的可 3—边着色，等价于其可 4—面着色——也陆续有人在进行证明，直到 2017 年，才由笔者给出了一个彻底的证明，证明了该猜想是正确的。

9.3　赫渥特图 4—着色的成功，又是对赫渥特的否定

在赫渥特构造了赫渥特图的整整 100 年后的 1990—1992 年前后，笔者雷明以及董德周，还有英国的米勒等，先后在赫渥特原着色的基础上，分别都对赫渥特图进行了 4—着色；还有我国的许寿椿教授等用他们团队编写的程序（算法）对赫渥特图"裸图"（即未着色的赫渥特图）也进行了 4—着色。这又是对赫渥特认为他的图不能 4—着色和所谓的"五色定理"的否定。赫渥特图 4—着色的成功，再加上赫渥特早已"证明了"他的公式在"包括亏格为 0 的几种简单情况下是成立的"，那么现在，也就应该把赫渥特多阶曲面上地图的着色公式后的附加条件 $n>0$ 去掉了。

此后，便有了更多的爱好者都投入到了研究四色问题的行列中，光从我国来说，除了笔者雷明、董德周等外，还有敢峰（方玄初）、

黎明、张彧典、颜宪邦、李宏棋、乔修让、徐俊杰、温千里、张尔光、聂永庆、刘福、何宗光、卢玉成、梁增勇、吴泽林、陈陶、张晓宇、程昌信、韩文镇等人,在网上已经见到过的已有几十人之多;国外已经知道的还有英国的米勒的团队等。

(1)许寿椿教授等对赫渥特图"裸图"的4—着色成功,只是对赫渥特图不能4—着色和所谓的"五色定理"的否定。但只对这一个图4—着色的成功,还不能说明四色猜测就一定是正确的。由于许教授能够对赫渥特图进行4—着色,所以他才有资格在他2008年出版的《图说四色问题》一书中说:"希伍德反例图的作用仅仅是揭示了肯普证明中有漏洞,并不是说这个图不能用四种颜色着色。"但许教授对赫渥特图裸图的4—着色,用的是电子计算机,只能看到最后的结果,不可看到着色的全过程。所以说他并没有解决坎泊证明中所"漏掉"了的那种情况的构形是否可约(即可4—着色)的问题。

(2)笔者在赫渥特原着色基础上对赫渥特图4—着色的成功,不但证明了赫渥特图是可4—着色的,而且还解决了类似赫渥特图的、图中含有C—D环形链的一类H—图的4—着色问题(这一类图的解决都是交换了被环形的C—D链隔断成的两条A—B链中的任一条A—B链,就可以使连通的A—C链和A—D链同时断链,使图变成K—构形而可约。该着色方法笔者曾于1992年3月8日在陕西省数学会第七次代表大会暨学术交流会上作过学术论文报告),同时也把坎泊所创造的颜色交换技术向前发展了一步。原来坎泊的颜色交换技术,都只是从5—轮的轮沿顶点开始进行的,且交换的结果只是空出了颜色给待着色顶点的一个作用。而在笔者解决赫渥特图4—着色的办法中,交换的顶点除了5—轮的轮沿顶点外,还可以从不属于5—轮轮沿顶点的顶点开始,且所交换过颜色的顶点中,也可以不含有5—轮的轮沿顶点,交换的结果则可以使两条连通链A—C和A—D同时断开,成为不连通的,使图变成K—构形而可约。这种交换,就叫作断链交换,断链交换是空不出颜色的。

(3)米勒的团队在赫渥特原着色基础上对赫渥特图的4—着色也是成功的。他们不仅看到解决了赫渥特图的4—着色问题,而且还盲目的认为用这一办法可以解决任何构形的可约性问题。因而产生了企图用这种办法解决所有 H—构形的4—着色问题,即想彻底解决四色猜测的证明问题。米勒的方法是:交换 BAB 型构形中关于两个同色 B 的 B—C 链或 B—D 链之一,使构形的类型发生转化(比如由 BAB 型转化为 DCD 型或 CDC 型),然后再交换新转化成的 DCD 型或 CDC 型构形中的有关两个同色 D 或 C 的两条色链之一,再使构形同方向进行再转型,转化成为 ABA 型等。就这样一直沿着一个方向(逆时针方向或顺时什方向)交换下去,直到构形变成 K—构形而可约为止(米勒他们和我国的张彧典先生把这种交换方法叫"赫渥特颠倒法";笔者把这种交换方法叫"转型交换法",因为每交换一次,图的构形类型就发生了一次转化)。米勒们有了彻底解决四色问题的想法,这当然是好事。但当他们构造出了米勒图后,发现这个图无论进行多少次"颠倒",图也不可能变成 K—构形而可约,这时他们就又放弃了试图解决四色问题的想法。这又是米勒他们自己对自己想法的否定。

9.4　关于敢峰-米勒图的4—着色

(1)说也很巧,也正好几乎是在与米勒构造米勒图的同一个时间内,我国的敢峰先生通过二十步大演绎的方法,也得到了与米勒图完全相同的图(构形)。所谓演绎,实际上就是米勒和张彧典先生的始终按一个方向进行的二十次转型交换。由于敢峰先生的图是经过了二十步演绎得来的,他也看到了再经过二十步演绎后,图又会返回到与第二次二十步大演绎前是完全相同的构形上来。所以他知道用这种方法构造出来的这个图再用演绎的方法（即转型交换的方法）是不可能解决问题的。虽然如此，但他却看到了这个图中有一条环形的 A—B 链，交换被环形的 A—B 链隔断成的两条 C—D 链中的任一条 C—D 链，可以使连通的 A—C 链和 A—D 链同时断链，图就会变成 K—构形而可约。所以敢峰先生就能轻而易举地给他的图进行了 4—着色，使其成为可约的。这又是敢峰先生对米勒认为米勒图无法进行 4—着色而感到失望一事的否定。也正是因为对于同一个图，敢峰先生能够解决问题，而米勒却显得束手无策，所以笔者把这个图叫作"敢峰-米勒图"，把敢峰放在了前面。敢峰先生给敢峰-米勒图的这一着色方法，就是断链法。交换的开始顶点也可以不是 5—轮的轮沿顶点，所交换过的顶点中也可以不含有 5—轮的轮沿顶点。交换的结果却也可以使两条连通链 A—C 和 A—D 同时断开，成为不连通的，使图变成 K—构形而可约。

（2）1999 年当张彧典先生接到了英国寄来的信后，看到了米勒图，开始对米勒的所谓"赫渥特颠倒法"和米勒图产生了兴趣，并进行了深入的研究。张先生对米勒图的研究结果，认为米勒图从最初的图，再到每进行一次颠倒（转型交换）后的图中都有一条环形的 A—B 链，分 C—D 链为两个互不连通的部分。所以他就把本来是一个图的米勒图，当成四个图来对待，都是交换环形的 A—B 链内、外的任一条 C—D 链，构形就可以变成 K—构形而可约（张先生把这种方法叫做 Z—换色程序）。但他却没有看到，转型交换一次后得到的图就不再是 BAB 型了，而成为了 CDC 型或 DCD 型，而这里的 A—B 链与原米勒图中的 A—B 链是有着不同的意义的。一次转型后的米勒图中环形的 A—B 链是相当于赫渥特中的环形 C—D 链的，当然交换了其内、外的 C—D 链图也是会变成 K—构形而可约的。张先生对米勒原图从环形的 A—B 链内、外交换 C—D 链，与敢峰先生 1992 年对敢峰-米勒图的着色方法是一模一样的。

从米勒图原图起,每颠倒一次,构形的类型就会转化一次。奇数次颠倒所得的图都具有赫渥特图的特征,而偶数次颠倒所得的图都具有米勒图的特征。对米勒图的颠倒结果,所得到的图总是在类米勒图和类赫渥特图的两种构形之间进行转化的。但无论是颠倒了多少次,总是有办法解决问题的,最后解决问题还是要用"断链"法,而不是"颠倒"(转型)法了。

(3)现在可以看出,敢峰-米勒图中有环形的 A—B 链,分 C—D 链为环内、环外互不连通的两部分,交换其任一部分的 C—D 链,都可以使连通的 A—C 链和 A—D 链断链,使图变成 K—构形而可约;而赫渥特图中有环形的 C—D 链,分 A—B 链为环内、环外互不连通的两部分,交换其任一部分的 A—B 链,也都可以使连通的 A—C 链和 A—D 链断链,使图变成 K—构形而可约。可以看出,敢峰-米勒图和赫渥特图,这是两类不同的 H—构形,解决的办法也是不同的(后面我们还会看到另外的两类 H—构形)。

9.5 两个基本相近的 H—构形不可免集

9.5.1 张彧典先生的不可免集

米勒团队已经对他们的连续颠倒法感到失望,进行了自我否定。但张彧典先生却在大力宣传这一方法。张先生认为米勒所说的 4 次换色后产生的第一次 BAB 型构形是"小循环",而他所说的 8 次换色后产生的第二次 BAB 型构形是"大循环"(其实二者都是没有完成真正的循环的,只有进行了 20 次换色后才能完成真正的循环)。于是,就构造了 8 个所谓的构形,各构形分别需要 1~8 次不等的转型交换,才能成为 K—构形。而又把无论进行多少次转型交换都不能变成 K—构形的米勒图,单独作为一个第九构形,单独用他的 Z—换色程序进行解决。请读者注意,这时的第九个构形是在无法用连续颠倒法对米勒图进行着色时,才加上的。这一点就说明了张先生原来的由 8 个构形构成的不可免构形集是没有进行完备性证明的。没有经过证明是完备的构形集中的构形,即就是全部都是可约的,也不能说明四色猜测就是正确的。

当读者提出这一问题后,张先生又在另一篇名为《四色猜想的数学归纳法证明》文章中给以了补充证明。但按他的这一证明方法,不但可以得出在第八构形后,再不可能有第九构形了,而且也可以得出在第七构形后,在第六构形后,……,也都不可能再有第八构形、第七构形、……了。这完全是一个错误的或是失败的证明。

笔者认为,由于米勒图不可能用连续颠倒的方法进行解决,所以用张先生的这种连续颠倒的方法就不可能解决四色猜测的证明问题。

9.5.2　三类结构不同的 H—构形

上面我们已看到了敢峰-米勒图中有环形的 A—B 链,赫渥特图中有环形的 C—D 链,解决的办法是完全不同的,分别属于两类不同的 H—构形。在张先生的构形集中,却还有另一类型的构形,如第四构形到第八构形,图中既不存在环形的 A—B 链,又不存在环形的 C—D 链,当然不能用与解决敢峰-米勒图或赫渥特图的任一相同的办法解决了。

在 H—构形中,A—C 链和 A—D 链分别是连通的,不能交换;而在这第三类 H—构形中,A—B 链和 C—D 链又都是直链,交换也是不起作用的,只相当于把两种颜色的顶点颜色相互调换了一下。而 B—C 链和 B—D 链又不能同时交换,那么现在就只有交换 B—C 链和 B—D 链的其中之一,使图(构形)转型了。

9.5.3　笔者的不可免集

笔者的不可免集中只有四种类型的构形,即①含有经过 1B—

2A—3B 三个顶点的 A—B 环形链或只经过 A—C 链与 A—D 链的交叉顶点的 A—B 环形链的构形;②含有经过 4D—5C 两个顶点的 C—D 环形链的构形;③既不含有上述 A—B 环形链,又不含有上述 C—D 环形链的构形;④无任何环形链,但有 A—B 链对称轴作的对称构形。①②两类构形的解法,前文已述及,这里不再多说。对于第③类 H—构形,一般情况下都是非对称的。最多进行 3 次转型交换后,就可转化成可同时移去 2 个同色的 K—构形,或者 1 次转型交换后,就可转化成 CDC 型或 DCD 型的、有环形 A—B 链的、类似赫渥特图型的第②类 H—构形。这 2 个构形都是可约的,所以非对称的第③类 H—构形也就是可约的了。对于第④类对称轴是 A—B 链的对称的 H—构形,则需要先把对称构形转化成非对称构形,这种转化需要经过 2 次转型交换,才能使对称的第③类 H—构形变成非对称的第③类 H—构形。这时再继续进行一次转型交换,图就可以变成既有环形 A—B 链、又有环形 C—D 的类似于第①类、第②类的 H—构形,无论用那种办法,最后都可变成可约的 K—构形。

9.6 两个不可免 H—构形集的关系

9.6.1 两个构形集的关系

张彧典的构形集里,第一构形、第三构形、第四构形、第五构形、第六构形、第七构形,本来就是可以同时移去两个同色 B 的 K—构形,不属于 H—构形;第九构形属于笔者的构形集中的第①类构形,其中有一条环形的 A—B 链;第二构形属于笔者的构形集中的第②类构形,其中有一条环形的 C—D 链;第八构形属于笔者的构形集中的第③类构形,其中既没有环形的 A—B 链,也没有环形的 C—D 链。但张先生的构形集中却缺少对称轴是 A—B 链的第④类对称构形。这里要指出的是,张先生的第八构形也是一个创造,以前的确还没有或很少看到过这种既有两条连通的 A—C 链和 A—D 链，但又不含有环形的 A—B 链和环形的 C—D 链的图，所以笔者把这类图叫做 Z—图或 Z—构形。

9.6.2 不可免构形集完备性的证明是必要的

由于张先生的构形集缺少完备性的证明，所以他的构形集中的构形，即便都是可约的，也是不能说明任何平面图都是可 4—着色的。而笔者的构形集可以说是完备的，把可以交换的 A—B 链和 C—D 链均分成了有环形链的和无环形链的两类，又把无环形链的构形分成了对称的和不对称的两类。除此之外，已不再存在别的结构情况的构形了，所以笔者的构形集是完备的。在笔者的构形集中，构形的结构有明显的区别，解决的办法也就相应的不同。若给出一个带有待着色顶点的图时，只要分析出它是哪一类构形，就可以采用相应的方法进行解决。而张先生的构形集，却看不出各构形结构间有什么明显的区别。给一个带有待着色顶点的图时，首先并不能确定出它是属于哪一类构形，而要经过连续的颠倒，给待着色点着上色后，才能确定其是属于哪一类构形。但这时待着色顶点都已经着上了颜色，再确定它是那类构形还有什么用呢？

9.6.3 不可免构形的分类原则

笔者认为，H—构形的分类原则，还是要以 H—构形的结构的不同进行划分的。根据不同的结构，找出不同的解决办法。不同的结构划分完了，也就证明了该构形集是完备的。当构形集中各构形都能可 4—着色时，构形集中所有的不可免构形就都是可约的。这就可以证明四色猜测是正确的。笔者的构形集能够证明是完备的，该构形集是正确的；而张先生的构形集则是没有经过证明是否完备的，还不能说是正确的。

9.7　四色猜测是正确的

　　在一个半世纪的漫长时间里,在一代又一代的数学家和爱好者的努力下,四色猜测的证明工作,也在按照着辨证唯物主义的"否定之否定"的法则,终于在否定之否定中得到了证明,四色猜测是正确的。

附　　录

附录1　两个关于地图着色色数的猜想[*]

1. 泰特猜想

泰特的猜想是：无割边的 3—则平面图的可 3—边着色与其可 4—面着色是等价的。这个猜想我们已经证明是正确的了，即可 3—边着色的无割边的 3—正则平面图是可 4—面着色的；而可 4—面着色的无割边的 3—正则平面图也是可 3—边着色的。我们还证明了任何无割边的 3—正则平面图都是可 3—边着色的，这就相当于证明了地图四色猜测是正确的（因为地图本身就是一个无割边的 3—正则的平面图）。地图四色猜测是正确的，那么地图的对偶图——极大平面图的顶点着色的色数也就不会大于 4。由极大平面图经过"去顶"或"减边"而得到的任意平面图的色数只会比极大平面图的色数减少而决不会再增大，所以也就相当于证明了平面图的四色猜测是正确的。

2. 同一个图，颜色叠加可产生不同的着色结果

对一个已知 3—边着色的无割边的 3—正则平面图，采用颜色叠加法进行可 4—面着色时，一定要用到两种边 2—色回路（圈），比如在用了 1、2、3 三种颜色进行了 3—边着色的无割边的 3—正则平

---

　　* 此文已于 2017 年 7 月 18 日在《中国博士网》上发表过（网址是：http://www. chinaphd. com/cgi—bin/topic. cgi? forum＝5&topic＝3379&start＝0♯1）。收入本书时曾作了部分修改。

面图中,就有1—2—1、1—3—1和2—3—2三种边2—色回路(圈)。在颜色叠加的过程中,我们发现,有些图的面着色数只能是4;而有些图的面着色既可以用4种颜色,也可以只用3种颜色。虽然我们还不知道这其中的奥秘(或者说是原理),但我们却发现了在颜色叠加时,若所用的两种边2—色回路中,至少有一种是哈密顿圈时,颜色叠加的结果其面着色一定是4种颜色(见附图1-1和附图1-2),而对于即就是同样的图,若两种边2—色回路都不是哈密顿圈时,颜色叠加的结果其面着色的色数则一定是3(见附图1-3和附图1-4)。

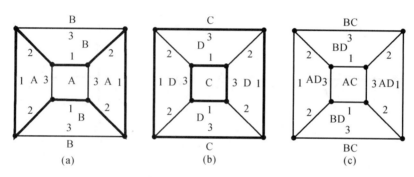

附图1-1 正六面体的4—面着色

(a)1—2边2—色回路是哈密顿的; (b)1—3边—2色回路是非哈密顿的; (c)4—面着色

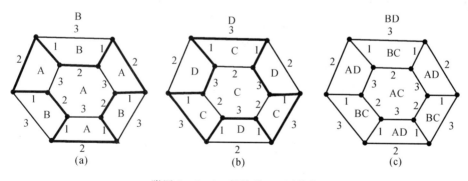

附图1-2 6—楞柱的4—面着色

(a)1—2边2—色回路是哈密顿的; (b)1—3边—2色回路也是哈密顿的; (c)4—面着色

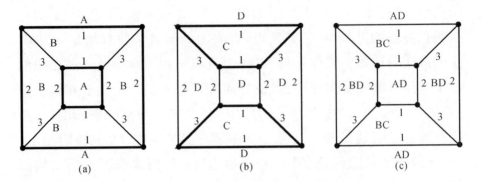

附图 1-3　正六面体的 3—面着色

(a)1—2 边 2—色回路是非哈密顿的；

(b)1—3 边—2 色回路也是非哈密顿的；　(c)3—面着色

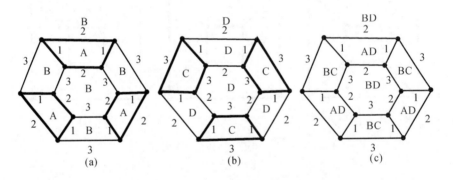

附图 1-4　6—楞柱的 3—面着色

(a)1—2 边 2—色回路是非哈密顿的；

(b)1—3 边 2—色回路也是非哈密顿的；　(c)3—面着色

3. 两个关于地图着色色数的猜想

　　根据给可 3—边着色的无割边的 3—正则的平面图采用颜色叠加法进行面着色的实践,我们发现:在颜色叠加时,若所用的两种边 2—色回路中至少有一个是哈密顿圈,则其面着色一定得用 4 种颜色(见附图 1-1 和附图 1-2);而当两种边 2—色回路都不是哈密顿圈时,其面着色的色数则一定是 3(见附图 1-3 和附图 1-4)。我们还发现:在面着色数是 3 时,两种边 2—色回路都把图分成了三个以上的部分,图中所有的面也都是边 2—色圈(见附图 1 - 3 和附图 1 - 4);而在面着色数是 4 时,至少有一种边 2—色回路把图只分成了两部分,图中的面既有边 2—色圈,也有 3—色圈(如附图 1 - 1 和附图 1 - 2)。

于是,有以下猜想:①所有面全都是边 2—色圈的 3—边着色的 3—正则平面图的面色数一定是 3;②所有面不全是边 2—色圈的 3—边着色的 3—正则平面图的面色数一定是 4。

4. 原因分析

如果一个图是可哈密顿的,则其至少要有一条(种)边 2—色回路经过全图所有的顶点,否则图就是不可哈密顿的。

(1)若在图中至少有一种边 2—色圈是哈密顿圈的情况下,颜色叠加时才能做到两种边 2—色圈中至少有一种是哈密顿圈,颜色叠加的结果是 4 种颜色(见附图 1 - 1 和附图 1 - 2);而在图中的三种边 2—色圈都不是哈密顿圈的情况下,颜色叠加时才能做到两种边 2—色圈全都不是哈密顿圈,颜色叠加的结果才是 3 种颜色(见附图 1 - 3 和附图 1 - 4)。

(2)从颜色叠加的实践中可以看出:在着色是 3 种颜色时,各边 2—色回路都把图分成了 3 个以上的部分,同时图中所有的面也都是边 2—色圈(见附图1-3和附图1-4);而在着色是 4 种颜色时,各边 2—色回路中至少有一种只把图分成了两部分(这种边 2—色圈就是一个哈密顿圈),同时图中所有的面并不都是边 2—色圈(见附图 1 - 1 和附图 1 - 2)。

也可以这样说:所有面不全是或者全都不是边 2—色圈(即有一部分面是 3—色圈或者全都是 3—色圈)的图的面着色数一定是 4(见附图 1 - 1、附图 1 - 2 和后面的附图 1 - 7),而所有面全都是边 2—色圈(即没有 3—色圈的面)的图的面着色数则是 3(见附图

1-3、附图1-4和后面的附图1-8)。这正说明了至少有一个面是
3—色圈时,则图的面数色就是4。

可以说,当至少有一个面是奇数边面的无割边的3—正则平面
图可3—边着色时,一定会有一个面是3—色圈(见附图1-5的3—
楞柱和附图1-6的5—楞柱)。

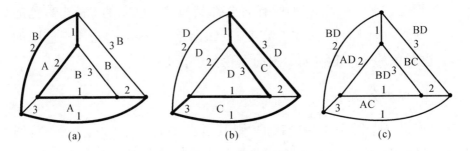

附图1-5　3—楞柱的4—面着色

(a)1—2边2—色回路;　(b)1—3边2—色回路;　(c)4—面着色

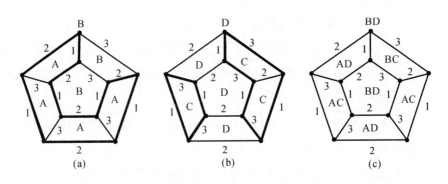

附图1-6　5—楞柱的4—面着色

(a)1—2边2—色回路;　(b)1—3边2—色回路;　(c)4—面着色

(3)因为已经证明了任何无割边的3—正则平面图(地图)都是
可3—边着色的,所以在至少有一个面是奇数边面的图中,一定存在
由三种颜色的边所围成的面。又因为无割边的3—正则平面图(地
图)的面着色数是:由边着色的三种颜色中取出两种颜色的组合数
$C_2 = C_3^2 = 3$,与取出三种颜色的组合数 $C_3 = C_3^3 = 1$ 的和(即 $C_面 =$

$C_2 + C_3 = 3 + 1 = 4$），所以含有奇数边面的地图的面着色数就一定是 $C_面 = C_2 + C_3 = 4$，而不含有奇数边面的地图的面着色数则一定只是 $C_面 = C_2 = 3$，因为它没有三色边面。这就证明了以上的两个关于地图着色色数的猜想是正确的。

（4）如果一个图是可哈密顿的，且图中至少有一种边 2—色回路是哈密顿的。在颜色叠加时，两种边 2—色圈中至少有一种是哈密顿圈，着色结果一定是 4—色的（见附图 1-1 和附图 1-2）；如果图虽是可哈密顿的，但该图在边着色时，也可以着成 3 种边 2—色圈都不是哈密顿的（见附图 1-3 和附图 1-4）。这种情况下，在颜色叠加时，两种边 2—色圈就可以做到都不是哈密顿圈，则着色结果一定是 3—色的。

（5）面数最少的多面体——正四面体（见附图 1-7）和面数最少的地图——一个海岛上只有两个国家的地图（见附图 1-8），也都是可哈密顿的图，其中也至少有两种边 2—色圈是哈密顿的〔以上这两个图实际上三种边 2—色圈都是哈密顿的，见附图 1-7(a)(b) 和附图 1-8(b)(c)〕。这两个图不同之处是：附图 1-7 中的面都不是边 2—色圈，所以其颜色叠加后得到的是用了 4 种颜色着色的面着色结果〔见附图 1-7(c)〕；而附图 1-8 中的面却都是边 2—色圈，所以其颜色叠加后得到的是用了 3 种颜色着色的面着色结果〔见附图 1-8(d)〕。

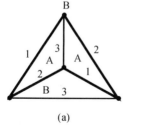 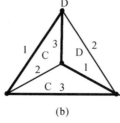 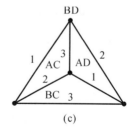

(a)   (b)   (c)

附图 1-7 正四面体的 4—面着色

(a)1—2 边 2—色回路； (b)1—3 边 2—色回路； (c)4—面着色

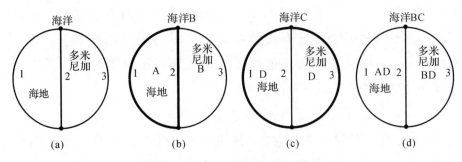

附图 1-8 海地岛地图的 3—着色

(a)海地岛的 3—边着色； (b)1—2 边—2 色回路； (c)1—3 边 2—色回路； (d)海地岛的 3—面着色

（6）不可哈密顿的图（如塔特图和目前已知最小的非哈密顿的平面三次图）中是没有哈密顿回路的,其中的各种边 2—色圈至少都有两条以上。在颜色叠加时,虽然任两种边 2—色圈都不是哈密顿圈,但其面色数却是 4。这正好与以上的可哈密顿的图的现象相反,是什么原因呢？笔者还不明白,只能从现象上看,是有这样的不同结果的。从颜色叠加的实践中已经知道塔特图和目前已知最小的非哈密顿的平面三次图都是这样的,其面着色的色数的确就是 4。如何能使这其中的奥秘得到正确解释,还要请研究四色问题的爱好者和读者给以研究探讨。目前只能认为,塔特图和目前已知最小的平面三次图中都有奇数边面,即是 3—色圈面,按之前的猜想②,它们的面着色数都应该是 4。

5. 需要解决的问题

（1）颜色叠加的原理道底是什么？

（2）为什么同样都是颜色叠加,有时新生成了四种新颜色,有时却只新生成了三种颜色？

（3）为什么同样都是在颜色叠加时,都至少有一种边 2—色圈不是哈密顿圈,或者两种都不是哈密顿圈的情况下,非可哈密顿的无割边的 3—正则平面图的面着色数只能是 4（如塔特图和目前已知最小的非哈密顿的平面三次图),而可哈密顿的无割边的3—正则平面图的面着色不但可以用4种颜色(见附图1-1和附图1-2),也可以用3种颜色(见附图1-3和附图1-4)。用含有奇数边面的图中一定含有3—色圈面和含有3—色圈面的图的面色数一定是4来解释是否合理。或者说非哈密顿的图(3种边2—色回路都不是哈密顿的)和可哈密顿的图3种边—2色圈路都是哈密顿的(见附图1-7)都一定是4色的;而既是哈密顿的,又是非哈密顿的图既可着成4色的,也可着成3色的,着4色时3种边2—色回路至少有1种是哈密顿的,而着3色时,3种边2—色回路全都不是哈密顿的。

6. 地图着色色数的判定

根据前文关于地图着色色数的两个猜想,首先看地图中有没有奇数边面(区域),若有则其着色数一定是4,若没有则其着色数一定是3。但所有面都是偶数边面的地图,在进行可3—边着色时,各面的边最少也要占用两种颜色,但也可以占用三种颜色。若各面的边都只用了两种颜色时,即各面都是一个边2—色圈时,该地图的着色数则一定是3;若有一个面的边用了三种颜色,图中就有了3—色圈的面,该地图在着色时就需用4种颜色。这种情况虽然还仍符合四色猜测的要求,但其所用的颜色数却不是最少的,不符合色数定义的要求。因此对这种所有面都是偶数边面的地图采用颜色叠加法着色时,一定要在进行可3—边着色时,注意不要把本可来以是边2—色圈的面,着成了3—色圈的面,只有这样才能使该地图的着色更准确。

附录2 多阶曲面上图的欧拉 公式是如何得来的 *

多面体和平面图的欧拉公式,在文献和教课书中有各种各样的证明方法,对于多阶曲面上图的欧拉公式,在沙特朗的《图论导引》一书中也有用数学归纳法进行的证明。这给人们一个印象是:欧拉公式好像是一个从经验中总接出来的公式。与四色猜想一样,也必须通过证明才能确定其是否正确,才可以进行应用。实际上这些证明同用着色的方法对平面图的不可免构形的所谓"证明"一样,都是在对命题进行验证而已,其根本的原理还是不能真正被揭开。真正的证明应该是在进行数学上的严密推导后,而得出的命题,这才是真正的证明。平面或多阶曲面上图的欧拉公式也是可以经过严密的数学推导而得到的。

1. 亏格为 0 的平面图的欧拉公式的推导

在亏格为 0 的不同顶点数 $v(v \geqslant 3)$ 的平面图中的边数 e 和面数 f 有如附表 2-1 所示的关系。

附表 2-1

序 号	顶点数 v	3	4	5	6	$v \geqslant 3$
1	边 数 e	3	6	9	12	$e=3v-6$
2	面 数 f	2	4	6	8	$f=2v-4$

根据附表 2-1,画出顶点分别是 3、4、5、6 的极大平面图如附

---

* 此文已于 2017 年 5 月 23 日在《中国博士网》上发表过(网址是:http://www.chinaphd.com/cgi-bin/topic.cgi? forum=5&topic=3352&start=0#1)。收入本书时作了少量的修改。

图2-1所示。其中附图2-1(a)和附图2-1(b)中的图既是极大图,又是完全图。从附表2-1中可以看出,顶点数从3开始,每增加1个顶点,图的边数增加3条,面数增加2个。极大图边数与面数分别和顶点数的关系是 $e=3v-6$ 和 $f=2v-4$。

用 $e=3v-6$ 减去 $f=2v-4$ 得:

$$e-f=v-2$$

变形整理得

$$v+f=e+2 \tag{2.1}$$

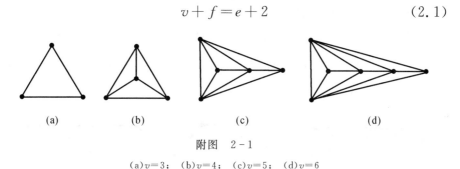

附图 2-1

(a)$v=3$; (b)$v=4$; (c)$v=5$; (d)$v=6$

公式(2.1)就是极大平面图的欧拉公式。由于把极大图变成非极大图时,每去掉一条边,也就减少了一个面,而在公式(2.1)中边数 e 和面数 f 又是同时分布在公式的两边,等式两边同增同减,公式仍是相等的。所以该公式也就是任意平面图的欧拉公式。用同样的办法,也可以推导出其他亏格条件下图的欧拉公式。

2. 亏格为1的非平面图的欧拉公式的推导

亏格为1的、不同顶点数 $v(v\geqslant5)$ 的非平面图中的边数 e 和面数 f 有如附表2-2的关系。

附表 2-2

序号	顶点数 v	5	6	7	8	$v\geqslant5$
1	边　数 e	15	18	21	24	$e=3v$
2	面　数 f	10	12	14	16	$f=2v$

（1）根据附表2-2，画环面（轮胎面）上的顶点数是5的极大图的展开图如附图2-2。附图2-2(a)是K_5（K_5只是一个完全图，而并非极大图）图的展开表示方法。K_5有5个顶点，10条边，5个面；但图中有一个面，是依次由顶点2—3—5—2—4—5—3—4—2构成的八边形面（见附图2-2(b)中加粗的边），所以K_5图不是极大图；这个八边形面还可以分成6个3边形面，增加了5条边〔见附图2-2(b)中的细线边〕，所增加的边分别是顶点2到5，顶点2到4，顶点2到3，顶点5到4和顶点3到4这五条边的各一条平行边〔见附图2-2(c)〕。这样就使图中的边数增加到15条，面数增加到10个，使图变成了一个极大图〔见附图2-2(c)〕，但却是一个有平行边的多重图。

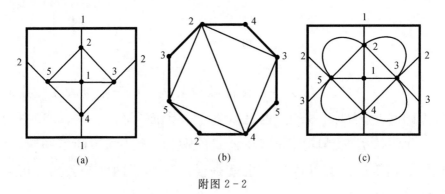

附图2-2

（2）再根据附表2-2，画环面（轮胎面）上的顶点数是6的极大图的展开图如附图2-3所示。附图2-3(a)是K_6（K_6也只是一个完全图，而并非极大图）图的展开表示方法。K_6有6个顶点，15条边，10个面；但图中有一个面，是依次由顶点2—3—6—4—3—5—2构成的六边形面（见附图2-3(b)中加粗的边），所以K_6图不是极大图。这个六边形面还可以分成4个3边形面，增加了3条边（见附图2-3(b)中的细线边），所增加的边分别是顶点2到3，顶点2到6和顶点3到6这三条边的各一条平行边（见附图2-3(c)）。这样就使图中的边数增加到 18 条,面数增加到 12 个,使图也变成了一个极大图(见附图 2-3(c)),也是一个有平行边的多重图。其顶点数 v、边数 e、面数 f 分别比 K_5 为极大图时增大了 1、3、2。

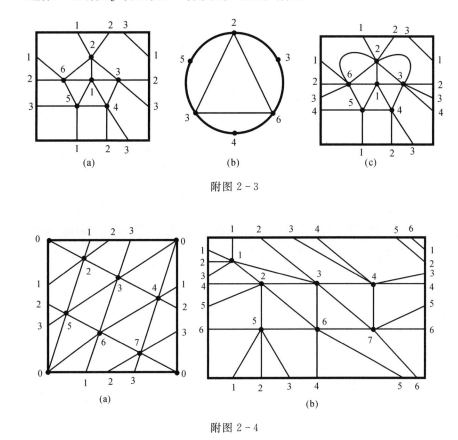

附图 2-3

附图 2-4

(3)附图 2-4 是根据附表 2-2,画在环面(轮胎面)上的顶点数是 7 的极大图的展形图。其中附图 2-4(a)和附图 2-4(b)分别是 K_7(K_7 图既是一个完全图,又是一个极大图,边数最多是 $e=\dfrac{7\times6}{2}=21$,图中没有平行边,每个面都是三边形面)图的两种不同展开表示方法。K_7 有 7 个顶点,21 条边,14 个面;再在图中增加顶点时,无论在那一个面中增加顶点,都是每增加一个顶点,也只能增加三条边和两个面,才能保证图的亏格不变。之后再增加顶点所得到的图,只要不出现交叉边,都只能是极大图,而不可能是完全图。其顶点数 v、边数 e、面数 f 也分别比 K_6 为极大图时也增大了 1、3、2。

(4) 根据以上附表2-2、附图2-2、附图2-3和附图2-4可以看出,亏格为1的极大图中每增加一个顶点,均增加三条边和两个面,图的边数与面数和顶点的关系分别是 $e=3v$ 和 $f=2v$,两式相减得

$$e-f=v \quad 即 \quad v+f=e \qquad (2.2)$$

与公式(2.1)一样,公式(2.2)就应是亏格为1的曲面上极大图的欧拉公式。但式(2.2)与式(2.1)却有明显的差别,还都需要变形以后,才能把它们统一起来。

注意,我们在把附图2-2中的最大完全图 K_5 和附图2-3中的最大完全图 K_6 变成极大图时,图的顶点数均未变,所增加的边都是平行边,同时每增加一条边,也就增加了一个面,而式(2.2)中的边 e 和面 f 又同时是分布在公式两边的,等式两边同增同减,等式仍相等,所以说不把 K_5 和 K_6 变成极大图也是可以的。因此公式(2.2)也就是亏格为1的任意图的欧拉公式。

只有把非极大图的完全图通过增加边,变成极大图的情况下,不管是哪种亏格的图,若在图中增加一个顶点,不管增加的顶点在图的一个面内,还是在图的一条边上,只要图中不出现交叉边,也都是每增加一个顶点,也就增加了三条边和两个面。

3. 亏格为0和1的图的欧拉公式

把亏格为1的非平面图的 $e=3v$ 和 $f=2v$ 与亏格为0的平面图的 $e=3v-6$ 和 $f=2v-4$ 都进行变形,并把图的亏格参数 n 加入其中。把 $e=3v-6$ 和 $f=2v-4$ 分别变形成 $e=3v-6(1-n)$ 和 $f=2v-4(1-n)$。当 $n=0$ 时,等于给等式 $e=3v-6$ 和 $f=2v-4$ 右边的常数项6和4分别各乘1,分别成为 $e=3v-6\times(1-0)=3v-$

$6 \times 1 = 3v - 6$ 和 $f = 2v - 4 \times (1 - 0) = 2v - 4 \times 1 = 2v - 4$,其值不变。把 $e = 3v$ 和 $f = 2v$ 也分别变形成 $e = 3v - 6(1 - n)$ 和 $f = 2v - 4(1 - n)$,当 $n = 1$ 时,等于给等式 $e = 3v$ 和 $f = 2v$ 的右边分别各减了一个 0,分别成为 $e = 3v - 6 \times (1 - 1) = 3v - 6 \times 0 = 3v - 0 = 3v$ 和 $f = v - 6 \times (1 - 1) = 2v - 6 \times 0 = 2v - 0 = 2v$,其值仍不变。但这一变化,却使得两种不同亏格的图的边数与顶点数的关系和面数与顶点数的关系式统一了起来,是有好处的。再用 $e = 3v - 6(1 - n)$ 减去 $f = 2v - 4(1 - n)$,得到

$$e - f = v - 2(1 - n)$$

变形整理得

$$v + f - e = 2(1 - n) \quad (n \leqslant 1) \qquad (2.3)$$

公式 (2.3) 就是亏格为 0 和 1 的图的欧拉公式。代入附表 2-1 和附表 2-2 中的数据验证如下:

(1) 当 $n = 0$ 和 $v = 6$ 时,$e = 3v - 6(1 - n) = 3 \times 6 - 6 \times (1 - 0) = 18 - 6 \times 1 = 12$,$f = 2v - 4(1 - n) = 2 \times 6 - 4 \times (1 - 0) = 12 - 4 = 8$,均与附表 2-1 中的数据相同。

再把 $n = 0, v = 6, e = 12$ 和 $f = 8$ 代入欧拉公式 $v + f - e = 2(1 - n)$ 中得,公式左边 $= v + f - e = 6 + 8 - 12 = 2$,公式右边 $= 2(1 - n) = 2 \times (1 - 0) = 2$,左右相等,公式成立。

(2) 当 $n = 1$ 和 $v = 8$ 时,$e = 3v - 6(1 - n) = 3 \times 8 - 6 \times (1 - 1) = 24 - 6 \times 0 = 24$,$f = 2v - 4(1 - n) = 2 \times 8 - 4 \times (1 - 1) = 16 - 4 \times 0 = 16$,也均与附表 2-2 中的数据相同。

再把 $n = 1, v = 8, e = 24$ 和 $f = 16$ 代入欧拉公式 $v + f - e = 2(1 - n)$ 中得,公式左边 $= v + f - e = 8 + 16 - 24 = 0$,公式右边 $= 2(1 - n) = 2 \times (1 - 1) = 2 \times 0 = 0$,左右相等,公式成立。

4. 多阶曲面上图的欧拉公式

我们现在虽然还不会画出亏格 n 大于等于 2 的以及更高级亏

格的图的展开图,当然也就很难直接看清楚其顶点数与面数和边数间的关系,但从实践中我们知道:每一种亏格的曲面上所能嵌入的所有完全图中,必有一个顶点数是最多的,即每种亏格的曲面上必有一个最大的完全图。该完全图虽然不一定是极大图,但它可以通过加边(平行边)的办法,使图成为极大图,且在该亏格的曲面上没有边与边在顶点以外相交叉的情况。我们可以利用亏格为 0 和 1 的图的顶点与边和面间的关系求得该完全图在极大图状态下的总边数和总面数。

我们还知道在极大图中,每增加一个顶点,只要图的亏格不增大,最大仍是只能增加三条边和两个面。这样,我们就可以用上面得到的亏格是 0 和 1 时图的欧拉公式对其进行检验,看该公式是否也适用于更高级亏格的图。

(1)亏格为 $n=2, v=8$ 的极大图,最大边数是 $e=3v-6(1-n)=3\times 8-6\times(1-2)=24+6=30$,最大面数 $f=2v-4(1-n)=2\times 8-4(1-2)=16+4=20$。代入亏格为 0 和 1 的图的欧拉公式(2.3)得,公式左边 $=v+f-e=8+20-30=-2$,公式右边 $=2(1-n)=2\times(-1)=-2$,公式两边是相等的。

因为之后再增加顶点时,每增加一个顶点,都是增加三条边和两个面,所以当 $v=9$ 时,$e=33$ 和 $f=22$。把 $n=2$、$v=9$、$e=33$ 和 $f=22$ 代入上面得到的欧拉公式 $v+f-e=2(1-n)$ 中得,公式左边 $=v+f-e=9+22-33=-2$,公式右边 $=2(1-n)=2\times(1-2)=2\times(-1)=-2$,公式两边相等,公式对于亏格 $n=2$ 的图也是成立的。

(2)亏格为 $n=3, v=9$ 的极大图,最大边数是 $e=3v-6(1-n)=3\times 9-6\times(1-3)=27+12=39$,最大面数 $f=2v-4(1-n)=2\times 9-4(1-3)=18+8=26$。把 $n=3, v=9, e=39$ 和 $f=26$ 代入亏格为 0 和 1 的图的欧拉公式(2.3)得,公式左边 $=$

$v+f-e=9+26-39=-4$,公式右边$=2(1-n)=2\times(1-3)=2\times(-2)=-4$,公式两边也是相等的。

同样因为之后再增加顶点时,每增加一个顶点,都是增加三条边和两个面,所以当$v=10$时,$e=42$和$f=28$。把$n=3,v=10,e=42$和$f=28$代入上面得到的欧拉公式$v+f-e=2(1-n)$中得,公式的左边$=v+f-e=10+28-42=-4$,公式的右边$=2(1-n)=2\times(1-3)=2\times(-2)=-4$,公式两边仍相等,公式对于亏格$n=3$的图也是成立的。

(3)继续再进行检验时,无论亏格是多大的图,上面由亏格为0和1的图所得到的欧拉公式也是适用于任意亏格的图的。所以说公式(2.3)也就是多阶曲面上的图的欧拉公式。同时,上面得到的图的边数与面数和顶点间的关系$e=3v-6(1-n)$和$f=2v-4(1-n)$,也就一定适用于任意亏格的曲面上的图了。同样的,用$e=3v-6(1-n)$减去$f=2v-4(1-n)$后,也可得到上面公式(2.3)的多价曲面上的图的欧拉公式$v+f-e=2(1-n)$。现在就可以把公式(2.3)后面的附加条件($n\leqslant1$)去掉了,使其成为适用于任何亏格的曲面上的图的欧拉公式。这样通过严密的数学推导,所得到的欧拉公式是不需要再进行证明的。因为严密的数学推导过程就是证明的过程。

(4)欧拉示性数:令多价曲面上的图的欧拉公式$v+f-e=2(1-n)$的右边为K,欧拉公式则变成$v+f-e=K$,即有$K=2(1-n)$,K就是欧拉示性数。可见K的值是随着图的亏格n的不同而变化的。当$n=0$时,$K=2$;当$n=1$时,$K=0$;当$n=2$时,$K=-2$;当$n=3$时,$K=-4$;等。图的亏格每增加1,欧拉示性数K的值则减小2。这与我们在前面的计算结果是一致的。可以说,欧拉示性数K与图的亏格n的关系是一个斜率为-2的线性函数关系,亏格n是自变量,而欧拉示性数K是因变量。

（5）从以上的研究可以看出，同亏格曲面上的同顶点数的图，只要顶点数不大于该亏格曲面上的最大完全图的顶点数时，以完全图的边数 $e=\dfrac{v(v-1)}{2}$ 为界，边数小于 $e=\dfrac{v(v-1)}{2}$ 者是非完全图，也是非极大图；边数等于 $e=\dfrac{v(v-1)}{2}$ 者，虽是完全图，但不一定就是极大图，这两者皆是单纯图。而边数大于 $e=\dfrac{v(v-1)}{2}$ 而小于 $e=3v-6(1-n)$ 者则是多重图，因为图中有了平行边；当边数等于 $e=3v-6(1-n)$ 时，图就成了极大图，所有的面均是三边形面了，这两者则皆是多重图。若图的顶点数大于该亏格曲面上的最大完全图的顶点数时，则不可能在该亏格曲面上有该顶点数的完全图存在的可能，而只可能有极大图在的可能。这个极大图可能是单纯图（当最大完全图是极大图时），也可能是有平行边的多重图（当最大完全图是非极大图时）。如在亏格为 0 的曲面（或平面）上，最大完全图的顶点数是 4，则在平面或球面上就不存在顶点数大于 4 的完全图，但却存在顶点数大于 4 的极大图。如附图 2-1(c)(d) 所示，分别就是顶点数是 5 和 6 的极大图。

在同亏格的曲面上，相同顶点数（但顶点数也不大于该亏格曲面上的最大完全图的顶点数）的图中，按边数的多少排序时，其顺序是：非完全图的边数 < 完全图的边数 ≤ 极大图的边数。因为有些图既是完全图，又是极大图，还是多重图，如附图 2-2(c) 和附图 2-3(c) 中的有平行边的 K_5 和 K_6 图等。所以又有：单纯图的边数 < 多重图的边数。同样，在同亏格的曲面上，相同顶点数的图中，图的面间也有相应的关系。按面数的多少排序时，其顺序也是：非完全图的面数 < 完全图的面数 ≤ 极大图的面数，单纯图的面数 < 多重图的面数。

在相同亏格、相同顶点数的完全图中，不管图是完全图还是极大图,也不管图是单纯图还是多重图,顶点着色的色数都是相同的,因为平行边和环是不影响图的顶点着色数的。

5. 使用多阶曲面上图的欧拉公式要注意的问题

(1)在曲面的亏格 n 小于等于1时,可嵌入高一级亏格($n=1$时)的曲面上的完全图的数量是7(有 K_1、K_2、K_3、K_4、K_5、K_6、K_7 共 7 种),减去可嵌入低一级亏格($n=0$ 时)的曲面上的完全图的数量 4(有 K_1、K_2、K_3、K_4 共 4 种)的差是大于2($7-4=3>2$)的;而在曲面的亏格 n 大于等于 2 时,可嵌入高一级亏格的曲面上的完全图的数量,减去可嵌入低一级亏格的曲面上的完全图的数量,则是小于等于1的。比如可嵌入亏格 $n=4$ 的曲面上的完全图的数量是10,可嵌入亏格 $n=3$ 的曲面上的完全图的数量是9,二者之差是 $1 \not> 1$;又比如可嵌入 $n=6$ 和 7 的曲面上的最大完全图都是 K_{12},两个曲面可嵌入的完全图的数量均是12,二者的差是 $0<1$;像这样的同一个最大完全图对应两个以上的不同亏格曲面的情况,在亏格 $n \geqslant 2$ 的图中是经常出现的。而且随着最大完全图顶点数的增大,同一个完全图所对应的不同亏格曲面的数量也越来越多。同一个完全图 K_v 不仅可嵌入其是最大完全图的亏格为 n 的曲面上(但不能嵌入亏格比 n 小的曲面上),也可以嵌入亏格比 n 大的曲面上(但这时就不再是可嵌入的亏格大于 n 的曲面上的最大完全图了)。

(2)由于以上原因,就要求在使用多阶曲面上图的欧拉公式时,不但一定要弄清楚图顶点数,边数,面数,更重要的是要弄清图的亏格是多少(即其可嵌入的曲面的最小亏格是多少)。只有这样,计算出来的结果才不会出错。比如,完全图 K_{12} 的亏格是 $n=6$(K_{12} 既是亏格 $n=6$ 的曲面上的最大完全图,又是极大图),边是 66,面是 44,代入多阶曲面上图的欧拉公式,左边 $=12+44-66=-10$,右边 $=2 \times (1-6)=-10$。而不要以为 K_{12} 也是可嵌入亏格为 $n=7$ 的曲面

上的最大完全图,把 $n=7$ 代入欧拉公式中时,这时两边则是不等的:
左边 $=-10$,右边则是 $2\times(1-7)=-12$。因此一定要记住,图的亏格是其可嵌入的曲面的最小亏格。这样,上面的完全图 K_{12} 的亏格就只能是 $n=6$,而不是 $n=7$。

（3）这里还要注意的是,亏格为 n 的曲面上的最大完全图 K_n 多数情况都不是极大图,由于多阶曲面上图的欧拉公式是对任意图的,所以这时也可以把完全图的边数与面数代入欧拉公式进行计算。但其面数的计算方法却是,要用 K_n 是极大图的面数减去 K_n 是极大图时的边数与 K_n 是完全图时的边数之差,就得到 K_n 是完全图时的面数(这是因为把 K_n 变成极大图时,每增加一条平行边,也就增加了一个面)。比如,完全图 K_{13} 的亏格是 $n=8$,但 K_{13} 却不是极大图。若 K_{13} 是极大图时,其边数是 $e_{极大}=3\times13-6\times(1-8)=39+42=81$,而 K_{13} 是完全图时的边数 $e_{完全}=\dfrac{13\times12}{2}=78$,二者之差 $e_{极大}-e_{完全}=81-78=3$,K_{13} 是极大图的面数是 $f_{极大}=2\times13-4\times(1-8)=26+28=54$,则 K_{13} 是完全图时的面数 $f_{完全}=f_{极大}-(e_{极大}-e_{完全})=54-3=51$。把 $n=8$,$v=13$,$e_{完全}=78$ 和 $f_{完全}=51$ 代入欧拉公式得,左边 $=13+51-78=-14$,右边 $=2\times(1-8)=-14$,左右相等,公式成立。

（4）至于顶点数是 v,亏格是 n 的非完全图的图,与上面是一样的,一定要把真正的边数与面数要弄清楚,才能使用欧拉公式,否则将会出现错误。

附录3　赫渥特地图着色公式
也适用于亏格为 0 的平面图 *

1.赫渥特地图着色公式的推导

顶点数 $v \geqslant 3$ 的图都有 $3f \leqslant 2e$ (f 是面数, e 是边数)的关系,把 $f \leqslant \dfrac{2}{3}e$ 代入多阶曲面上图的欧拉公式 $v+f-e=2(1-n)$ (n 是图的亏格)中得

$$e \leqslant 3v-6(1-n) \quad (v \geqslant 3) \tag{3.1}$$

注意,这里对图的亏格可是没有任何限制的。再把完全图边与顶点的关系 $e=\dfrac{v(v-1)}{2}$ 代入式(3.1)中得

$$e=\frac{v(v-1)}{2}=3v-6(1-n)$$

$$v^2-7v+12(1-n) \leqslant 0 \tag{3.2}$$

解这个一元二次不等式(3.2),得其正根是

$$v \leqslant \frac{7+\sqrt{1+48n}}{2} \quad (v \geqslant 3)$$

由于顶点数 v 必须是整数,所以上式还得向下取整,得

$$v \leqslant \left\lfloor \frac{7+\sqrt{1+48n}}{2} \right\rfloor \quad (v \geqslant 3) \tag{3.3}$$

---

* 此文已于 2017 年 2 月 2 日在《中国博士网》上发表过(网址是: http://www. chinaphd. com/cgi-bin/topic. cgi? forum=5&topic=3236&start=0#1)。

式(3.3)就是可嵌入亏格为 n 的曲面上的最大完全图的顶点数。因为完全图的色数 γ 就等于其顶点数 v，即有 $\gamma_{完} = v$，所以又有多阶曲面上图的色数是

$$\gamma_{图} \leqslant \left\lfloor \frac{7 + \sqrt{1 + 48n}}{2} \right\rfloor \quad (v \geqslant 3) \tag{3.4}$$

式(3.4)就是赫渥特的多阶曲面上的地图着色公式，推导过程中对图的亏格是没有施加任何限制的，所以它是适用于任何亏格的图的。

2. 任意图顶点平均度的界

(1) 任意图顶点平均度的上界。

在一个极大完全图 K_ω 中增加顶点，在保证图的亏格 n 和密度 ω 都不变的情况下，图中每增加一个顶点最多只可以增加 3 条边。否则，增加的边数若大于 3 条时，图中就一定会产生在该亏格曲面上的交叉边，使图的亏格增大。所以，要保证图的亏格不变时，在图中每增加一个顶点，最多可以增加的度是 $2 \times 3 = 6$。当增加的顶点数为 m 时，该图的平均度则是

$$d_{平均} = \frac{\omega(\omega - 1) + 6m}{\omega + m} = \frac{\omega(\omega - 1)}{\omega + m} + \frac{6m}{\omega + m} \tag{3.5}$$

式(3.5)就是任意图顶点平均度的上界，式中，$\omega(\omega - 1)$ 是极大完全图 K_ω 的总度数。当 m 趋于无穷大时，对式(3.5)取极限得

$$d_{平均} = \lim_{m \to \infty} \frac{\omega(\omega - 1)}{\omega + m} + \lim_{m \to \infty} \frac{6m}{\omega + m} =$$

$$\frac{\omega(\omega - 1)}{\infty} + \frac{6\infty}{\infty} = 0 + 6 = 6 \tag{3.6}$$

公式(3.6)说明任何亏格、任何密度的图的平均度的上界极限都是 6。

(2) 任意图顶点平均度的下界。

对于任何图,在保证图的亏格 n 和密度 ω 都不变的情况下,给图中每增一顶点最少也可以使图增加 1 条边,增加 2 度。当增加的顶点数为 m 时,该图的平均度则是

$$d_{平均} = \frac{\omega(\omega-1)+2m}{\omega+m} = \frac{\omega(\omega-1)}{\omega+m} + \frac{2m}{\omega+m} \qquad (3.7)$$

式(3.7) 就是任意图顶点平均度的下界,式中,$\omega(\omega-1)$ 仍是极大完全图 K_ω 的总度数。当 m 趋于无穷大时,对式(3.7)取极限得

$$d_{平均} = \lim_{m\to\infty} \frac{\omega(\omega-1)}{\omega+m} + \lim_{m\to\infty} \frac{2m}{\omega+m} =$$

$$\frac{\omega(\omega-1)}{\infty} + \frac{2\infty}{\infty} = 0 + 2 = 2 \qquad (3.8)$$

公式(3.8)说明任何亏格、任何密度的图的平均度的下界极限都是 2。

(3) 任意图顶点的平均度曲线。

为了对公式(3.5)～(3.8) 间的关系看得更清楚,我们用公式(3.5)和公式(3.7)做出了不同密度的图的顶点平均度表和平均度曲线(见附表3-1～附表3-12和附图3-1。应该说在附图3-1中的 K_{10} 和 K_{15} 之间、K_{15} 和 K_{20} 之间以及 K_{20} 之上还有 $\omega=11\sim14$,$\omega=16\sim19$,$\omega=21$,$\omega=22$ 等各密度下的图的平均度上、下界等很多条曲线,但为了图面的清晰,也就省略不画了)。

附表 3-1　亏格 $n=0$，密度 $\omega=1$ 时图的平均度表

m 值	总顶点数	最小边数			最大边数			备　注
		边数	度数	平均度	边数	度数	平均度	
0	1	0	0	0	0	0	0	K_1，点
1	2	1	2	1	1	2	1	K_2，线段
2	3	2	4	1.333	3	6	2	K_3，三边形
3	4	3	6	1.5	6	12	3	K_4，四面体
4	5	4	8	1.6	9	18	3.6	
5	6	5	10	1.667	12	24	4	正八面体
10	11	10	20	1.818	27	54	4.909	
20	21	20	40	1.905	57	114	5.429	
30	31	30	60	1.935	87	174	5.613	
40	41	40	80	1.951	117	234	5.707	
50	51	50	100	1.961	147	294	5.765	
100	101	100	200	1.980	297	594	5.881	
200	201	200	400	1.990	597	1 194	5.940	
500	501	500	1 000	1.996	1 197	2 994	5.976	
1 000	1 001	1 000	2 000	1.998	2 997	5 994	5.988	
2 000	2 001	2 000	4 000	1.999	5 997	11 994	5.994	
5 000	5 001	5 000	10 000	1.999 6	14 997	29 994	5.997 6	

附表 3 – 2　亏格 $n=0$，密度 $\omega=2$ 时图的平均度表

m 值	总顶点数	最小边数			最大边数			备　注
		边数	度数	平均度	边数	度数	平均度	
0	2	1	2	1	1	2	1	K_2，线段
1	3	2	4	1.333	3	6	2	K_3，三边形
2	4	3	6	1.5	6	12	3	K_4，四面体
3	5	4	8	1.6	9	18	3.6	
4	6	5	10	1.667	12	24	4	正八面体
5	7	6	12	1.714	15	30	4.286	
10	12	11	22	1.833	30	60	5	正二十面体
20	22	21	22	1.833	60	120	5.455	
30	32	31	62	1.9375	90	180	5.625	
40	42	41	82	1.952	120	240	5.714	
50	52	51	102	1.962	150	300	5.769	
100	102	101	202	1.982	300	600	5.882	
200	202	201	402	1.990	600	1 200	5.946	
500	502	501	1 002	1.996	1 500	3 000	5.976	
1 000	1 002	1 001	2 002	1.998	3 000	6 000	5.988	
2 000	2 002	2 001	4 002	1.999	6 000	12 000	5.994	
5 000	5 002	5 001	10 002	1.999 6	15 000	30 000	5.997 6	

附表 3-3　亏格 $n=0$,密度 $\omega=3$ 时图的平均度表

m 值	总顶点数	最小边数			最大边数			备　注
		边数	度数	平均度	边数	度数	平均度	
0	3	3	6	2	3	6	2	K_3,三边形
1	4	4	8	2	6	12	3	K_4,四面体
2	5	5	10	2	9	18	3.6	
3	6	6	12	2	12	24	4	正八面体
4	7	7	14	2	15	30	4.286	
5	8	8	16	2	18	36	4.5	
10	13	13	26	2	33	66	5.007	
20	23	23	46	2	63	126	5.478	
30	33	33	66	2	93	186	5.636	
40	43	43	86	2	123	246	5.721	
50	53	53	106	2	153	306	5.774	
100	103	103	206	2	303	606	5.883	
200	203	203	406	2	603	1 206	5.941	
500	503	503	1 006	2	1 503	3 006	5.976	
1 000	1 003	1 003	2 006	2	3 003	6 006	5.988	
2 000	2 003	2 003	4 006	2	6 003	12 006	5.994	
5 000	5 003	5 003	10 006	2	15 003	30 006	5.997 6	

附表 3－4 亏格 $n=0$，密度 $\omega=4$ 时图的平均度表

m 值	总顶点数	最小边数			最大边数			备　注
		边数	度数	平均度	边数	度数	平均度	
0	4	6	12	3	6	12	3	K_4，四面体
1	5	7	14	2.8	9	18	3.6	
2	6	8	16	2.667	12	24	4	正八面体
3	7	9	18	2.571	15	30	4.286	
4	8	10	20	2.5	18	36	4.5	
5	9	11	22	2.444	21	42	4.667	
10	14	16	32	2.286	36	72	5.143	
20	24	26	52	2.167	66	132	5.5	
30	34	36	72	2.118	96	192	5.647	
40	44	46	92	2.091	126	252	5.727	
50	54	56	112	2.074	156	312	5.778	
100	104	106	212	2.038	306	612	5.885	
200	204	206	412	2.020	606	1 212	5.941	
500	504	506	1 012	2.008	1 506	3 012	5.976	
1 000	1 004	1 006	2 012	2.004	3 006	6 012	5.988	
2 000	2 004	2 006	4 012	2.002	6 006	12 012	5.994	
5 000	5 004	6 006	10 012	2.000 8	15 006	30 012	5.997 6	

附表 3-5 亏格 $n=1$,密度 $\omega=5$ 时图的平均度表

m 值	总顶点数	最小边数			最大边数			备 注
		边数	度数	平均度	边数	度数	平均度	
0	5	10	20	4	10	20	4	非平面图 K_5
1	6	11	22	3.667	13	26	4.333	
2	7	12	24	3.429	16	32	4.571	
3	8	13	26	3.25	19	38	4.75	
4	9	14	28	3.111	22	44	4.889	
5	10	15	30	3	25	50	5	
10	15	20	40	2.667	40	80	5.333	
20	25	30	60	2.4	70	140	5.6	
30	35	40	80	2.286	100	200	5.714	
40	45	50	100	2.222	130	260	5.778	
50	55	60	120	2.182	160	320	5.818	
100	105	110	220	2.095	310	620	5.905	
200	205	210	420	2.049	610	1 220	5.951	
500	505	510	1 020	2.020	1 510	3 020	5.980	
1 000	1 005	1 010	2 020	2.010	3 010	6 020	5.990	
2 000	2 005	2 010	4 020	2.005	6 010	12 020	5.995	
5 000	5 005	5 010	10 020	2.002 0	15 010	30 020	5.998 0	

附表 3-6 亏格 $n=1$,密度 $\omega=6$ 时图的平均度表

m 值	总顶点数	最小边数			最大边数			备 注
		边数	度数	平均度	边数	度数	平均度	
0	6	15	30	5	15	30	5	非平面图 K_6
1	7	16	32	4.571	18	36	5.143	
2	8	17	34	4.25	21	42	5.25	
3	9	18	36	4	24	48	5.333	
4	10	19	38	3.8	27	54	5.4	
5	11	20	40	3.636	30	60	5.455	
10	16	25	50	3.125	45	90	5.625	
20	26	35	70	2.692	75	150	5.769	
30	36	45	90	2.5	105	210	5.833	
40	46	55	110	2.391	135	270	5.870	
50	56	65	130	2.323	165	330	5.893	
100	106	115	230	2.170	315	630	5.943	
200	206	215	430	2.087	615	1 230	5.971	
500	506	515	1 030	2.036	1 515	3 030	5.988	
1 000	1 006	1 015	2 030	2.018	3 015	6 030	5.994	
2 000	2 006	2 015	4 030	2.009	6 015	12 030	5.997	
5 000	5 006	5 015	10 030	2.004 0	15 015	30 030	5.998 8	

附表 3 - 7   亏格 $n=1$, 密度 $\omega=7$ 时图的平均度表

m 值	总顶点数	最小边数			最大边数			备 注
		边数	度数	平均度	边数	度数	平均度	
0	7	21	42	6	21	42	6	非平面图 K_7
1	8	22	44	5.5	24	48	6	
2	9	23	46	5.111	27	54	6	
3	10	24	48	4.8	30	60	6	
4	11	25	50	4.545	33	66	6	
5	12	26	52	4.333	36	72	6	
10	17	31	62	3.647	51	102	6	
20	27	41	82	3.037	81	162	6	
30	37	51	102	2.757	111	222	6	
40	47	61	122	2.596	141	282	6	
50	57	71	142	2.491	171	342	6	
100	107	121	242	2.262	321	642	6	
200	207	221	442	2.135	621	1 242	6	
500	507	521	1 042	2.055	1 521	3 042	6	
1 000	1 007	1 021	2 042	2.028	3 021	6 042	6	
2 000	2 007	2 021	4 042	2.014	6 021	12 042	6	
5 000	5 007	5 021	10 042	2.005 6	15 021	30 042	6	

附表 3－8　亏格 $n＝2$，密度 $\omega＝8$ 时图的平均度表

m 值	总顶点数	最小边数			最大边数			备　注
		边数	度数	平均度	边数	度数	平均度	
0	8	28	56	7	28	56	7	非平面图 K_8
1	9	29	58	6.444	31	62	6.889	
2	10	30	60	6	34	68	6.8	
3	11	31	62	5.636	37	74	6.727	
4	12	32	64	5.333	40	80	6.667	
5	13	33	66	5.077	43	86	6.615	
10	18	38	76	4.444	58	116	6.444	
20	28	48	96	3.428	88	176	6.286	
30	38	58	116	3.053	118	236	6.211	
40	48	68	136	2.833	148	296	6.167	
50	58	78	156	2.680	178	356	6.138	
100	108	128	256	2.370	328	656	6.074	
200	208	228	456	2.192	628	1 256	6.038	
500	508	528	1 056	2.079	1 528	3 056	6.016	
1 000	1 008	1 028	2 056	2.040	3 028	6 056	6.008	
2 000	2 008	2 028	4 056	2.020	6 028	12 056	6.004	
5 000	5 008	5 028	10 056	2.008 0	15 028	30 056	6.001 6	

附表 3-9 亏格 $n=3$, 密度 $\omega=9$ 时图的平均度表

m 值	总顶点数	最小边数			最大边数			备注
		边数	度数	平均度	边数	度数	平均度	
0	9	36	72	8	36	72	8	非平面图 K_9
1	10	37	74	7.4	39	78	7.8	
2	11	38	76	6.909	42	84	7.636	
3	12	39	78	6.5	45	90	7.5	
4	13	40	80	6.154	48	96	7.385	
5	14	41	82	5.857	51	102	7.286	
10	19	46	92	4.842	66	132	6.947	
20	29	56	112	3.862	96	192	6.621	
30	39	66	132	3.385	126	252	6.462	
40	49	76	152	3.102	156	312	6.367	
50	59	86	172	2.915	186	372	6.305	
100	109	136	272	2.915	336	672	6.165	
200	209	236	472	2.258	636	1 272	6.086	
500	509	536	1 072	2.109	1 536	3 072	6.035	
1 000	1 009	1 036	2 072	2.054	3 036	6 072	6.018	
2 000	2 009	2 036	4 072	2.027	6 036	12 072	6.009	
5 000	5 009	5 036	10 072	2.010 8	15 036	30 072	6.003 6	

附表 3－10 亏格 $n＝4$,密度 $\omega＝10$ 时图的平均度表

m 值	总顶点数	最小边数			最大边数			备 注
		边数	度数	平均度	边数	度数	平均度	
0	10	45	90	9	45	90	9	非平面图 K_{10}
1	11	46	92	8.364	48	96	8.727	
2	12	47	94	7.833	51	102	8.5	
3	13	48	96	7.385	54	108	8.308	
4	14	49	98	7	57	114	8.143	
5	15	50	100	6.667	60	120	8	
10	20	55	110	5.5	75	150	7.5	
20	30	65	130	4.333	105	210	7	
30	40	75	150	3.75	135	270	6.75	
40	50	85	170	3.5	165	330	6.6	
50	60	95	190	3.167	195	390	6.5	
100	110	145	290	2.634	345	690	6.272	
200	210	245	490	2.333	645	1 290	6.143	
500	510	545	1 090	2.137	1 545	3 090	6.059	
1 000	1 010	1 045	2 090	2.069	3 045	6 090	6.030	
2 000	2 010	2 045	4 090	2.035	6 045	12 090	6.015	
5 000	5 010	5 045	10 090	2.014 0	15 045	30 090	6.006 0	

附表 3 – 11　亏格 $n=11$, 密度 $\omega=15$ 时图的平均度表

m 值	总顶点数	最小边数			最大边数			备　注
		边数	度数	平均度	边数	度数	平均度	
0	15	105	210	14	105	210	14	非平面图 K_{15}
1	16	106	212	13.25	108	216	13.5	
2	17	107	214	12.588	111	222	13.059	
3	18	108	216	12	114	228	12.667	
4	19	109	218	11.474	117	234	12.316	
5	20	110	220	11	120	240	12	
10	25	115	230	9.2	135	270	10.8	
20	35	125	250	7.143	165	330	9.429	
30	45	135	270	6	195	390	8.667	
40	55	145	290	5.272	225	450	8.182	
50	65	155	310	4.769	255	510	7.846	
100	115	205	410	3.565	405	810	7.043	
200	215	205	610	2.837	705	1 410	6.558	
500	515	605	1 210	2.350	1 605	3 210	6.233	
1 000	1 015	1 105	2 210	2.177	3 105	6 210	6.118	
2 000	2 015	2 105	4 210	2.089	6 105	12 210	6.060	
5 000	5 015	5 105	10 210	2.035 9	15 105	30 210	6.023 9	

附表 3-12 亏格 $n=23$,密度 $\omega=20$ 时图的平均度表

m 值	总顶点数	最小边数			最大边数			备 注
		边数	度数	平均度	边数	度数	平均度	
0	20	190	380	19	190	380	19	非平面图 K_{20}
1	21	191	382	18.190	193	386	18.381	
2	22	192	384	17.455	196	392	17.818	
3	23	193	386	16.783	199	398	17.304	
4	24	194	388	16.167	202	404	16.838	
5	25	195	390	15.6	205	410	16.4	
10	30	200	400	13.333	220	440	14.667	
20	40	210	420	10.5	250	500	12.5	
30	50	220	440	8.8	280	560	11.2	
40	60	230	460	7.667	310	620	10.333	
50	70	240	480	6.857	340	680	9.714	
100	120	290	580	4.833	490	980	8.167	
200	220	390	780	3.545	790	1 580	7.9	
500	520	690	1 380	2.654	1 690	3 380	6.5	
1 000	1 020	1 190	2 380	2.333	3 190	6 380	6.38	
2 000	2 020	2 190	4 380	2.168	6 190	12 380	6.128	
5 000	5 020	5 190	10 380	2.067 7	15 190	30 380	6.015 8	

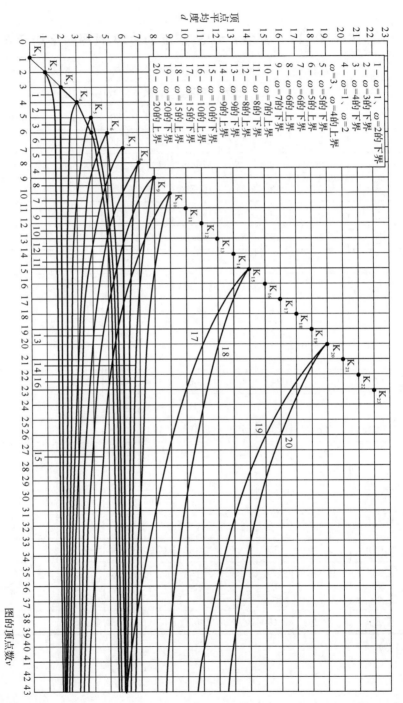

附图 3-1 不同密度下图顶点的平均度曲线

从附表3-1～附表3-12的12个附表和附图3-1中可以看出：

1）任何图的顶点平均度的上界都是随着图的顶点数的增加而趋近于常数6的。

当密度$\omega \geqslant 8$时，曲线是下降的，平均度上界的最大值是$\omega - 1$，平均度上界的最小值是趋近于6的；当密度等于7时，平均度的上界是恒等于6的一条水平线；当密度$\omega \leqslant 6$时，曲线是上升的，平均度上界的最小值是$\omega - 1$，平均度上界的最大值则是趋近于6的。而在密度小于等于4（即是亏格为0的平面图）时，由于平面图中有四种不同密度ω的图，所以，从K_1到K_3，依次增加一个顶点和最大可能的边时，便依次得到了K_2、K_3和K_4，再继续增加顶点时，平均度的上界曲线就都与密度为$\omega = 4$的图的平均度的上界曲线重合了。实际上，四种密度的图的平均度上界是共用一条曲线的。所以仍有亏格为0的平面图（密度从1至4）的平均度上界的最小值是$\omega - 1$，平均度上界的最大值也是趋近于6的结论。

由于密度大于等于8的图的平均度的上界是小于等于$\omega - 1$而大于6（极限）的，永远也不可能等于6，所以密度大于等于8的图中，至少就应有一个顶点的度既是大于等于7又小于等于$\omega - 1$的；而密度小于等于6的图的平均度的上界都是小于6（极限）的，所以密度小于等于6的图中，至少也应有一个顶点的度是小于等于5的结论。当然这个结论也包括密度是小于等于4的平面图在内了。这就是平时大家都知道的任何平面图中至少都存在一个顶点的度是小于等于5的结论。

2）任何图的顶点平均度的下界都是随着图的顶点数的增加而趋近于常数2的。

当密度$\omega \geqslant 4$时，曲线是下降的，平均度下界的最大值是$\omega - 1$，平均度下界的最小值是趋近于2的；当密度$\omega = 3$时，平均度是恒等于2的一条水平线；当密度$\omega \leqslant 2$时，曲线则是上升的，平均度下界的最大值是趋近于 2 的,平均度下界的最小值则是 $\omega-1$。同样也是因为给 K_1 增加一个顶点和一条边后得到的是 K_2,再往后增加顶点和边时,K_1 和 K_2 两个图的曲线相重合,所以密度小于等于 2 的两种密度的平面图的平均度下界曲线也是重合的。

3)密度 $\omega \geqslant 1$ 的各图顶点平均度的上界曲线和下界曲线都有共同的起点,其平均度都是 $\omega-1$,即是完全图 K_ω 的顶点平均度。

4)对于亏格为 1 的 K_7 图,其平度均度上界曲线是一条度为 6 的水平线。这是因为在该图中每增加一个顶点时,其最大增加的度数均是 6,而 K_7 图本身的平均度也是 6,总的平均度仍是 6,所以密度为 $\omega=7$ 的图的平均度上界曲线是一条度为 6 的水平线。该水平线正好就是 $\omega \geqslant 8$ 的图的平均度上界的下极限和 $\omega \leqslant 6$ 的图的平均度上界的上极限(也即曲线的渐近线)。其平均度的上界正好等于 K_7 图的顶点数(或密度)减去 1 的值,即 $7-1=6$。

5)对于亏格为 0 的 K_3 图,其平度均度下界曲线也是一条度为 2 的水平线。这是因为在该图中每增加一个顶点时,其最少增加的度数也均是 2,而 K_3 图本身的平均度也是 2,总的平均度仍是 2,所以密度为 $\omega=3$ 的图的平均度下界曲线是一条度为 2 的水平线。该水平线正好就是 $\omega \geqslant 4$ 的图的平均度下界的下极限和 $\omega \leqslant 2$ 的图的平均度下界的上极限(也即曲线的渐近线),其平均度下界正好等于 K_3 图的顶点数(或密度)减去 1 的值,即 $3-1=2$。

(4)综上所述,可以看出对于亏格大于 1 的图来说,其平均度都一定是小于等于该亏格下最大完全图的顶点数减 1 的,但又不会小于等于 2;而平面图因为存在着 K_1 和 K_2 这样的图,所以其平均度完全有是 0 和 1 的可能,因此,对于亏格小于等于 1 的图来说,其平均度则都是小于等于 6 的。

3. 韦斯特对赫渥特地图着色公式的证明[6]

韦斯特在他的《图论导引》一书中对赫渥特地图着色公式是这

样叙述的："如果 G 可以嵌入到 $S_\gamma(\gamma > 0)$ 上，则 $\chi(G) \leqslant \left\lfloor \dfrac{7+\sqrt{1+48\gamma}}{2} \right\rfloor$。"他在证明时说："令 $c = \left\lfloor \dfrac{7+\sqrt{1+48\gamma}}{2} \right\rfloor$，只要证明了能够嵌入 S_γ 上的任意简单图有一个顶点的度至多为 $c-1$，就可以通过对 $n(G)$ 用数学归纳法得出 $\chi(G)$ 的这个界。"他这里的 γ 是曲面 S 的亏格，n 是图的顶点数。

可韦斯特证来证去，只得出了一个 $\dfrac{2e}{n} = c-1$ 的结论。因为 $2e$（e 是图的边数）是图的总度数，那么 $\dfrac{2e}{n}$ 就是图的平均度了（这个结论并不是对任何图都适用的，而是只适用于顶点数是 c 的完全图 K_c 的，因为完全图 K_c 的平均度才是等于 $c-1$ 的。确切一点来说，对于任意图，应该是 $\dfrac{2e}{n} \leqslant c-1$）。一个图的平均度是 $\dfrac{2e}{n} \leqslant c-1$ 时，这当然能说明该图的顶点中至少有一个顶点的度是小于等于 $c-1$ 的。但至于为什么图中至少有一个顶点的度是小于等于 $c-1$ 时，赫渥特地图着色公式就能适用，该公式就是正确的，他并没有任何的说法，更没有说为什么因平面图中存在着平均度是大于等于 $c-1$ 的图，而赫渥特地图着色公式就又不适用了，又是错误的。而只说了"由于 $\chi(G) \leqslant c$ 对顶点数最多为 c 的任意图均成立，故只需考虑 $n(G) > c$ 的情况。"然后，就推导出了 $\dfrac{2e}{n} = c-1$。但这个 $\dfrac{2e}{n} = c-1$，又与 $n(G) > c$ 时，$\chi(G) \leqslant \left\lfloor \dfrac{7+\sqrt{1+48\gamma}}{2} \right\rfloor$ 是否成立有什么关系呢？虽然 $\dfrac{2e}{n} = c-1$ 也能够说明图中至少有一个顶点的度是小于等于 $c-1$ 的，但韦斯特却并没有说明他所说的在 $n(G) > c$ 情况下"能够嵌入 S_γ 上的任意简单图"是否"有一个顶点的度至多为 $c-1$"。

这是，笔者认为韦斯特的这个证明是不科学的，也是多余的。

这是因为赫渥特的地图着色公式本来是可以经过严密的数学推导而得来的,是不需要再进行证明都是正确的。严密的数学推导过程就是证明的过程。

从前面的"不同密度下的图顶点的平均度曲线"(即附图 3-1)看,平面图中的确存在着所有顶点的度都大于 $c-1$ 的情况,但平均度却总是小于 6 的图,如正八面体和正二十面体等。正八面体所有的顶点都是 4 度,正二十面体所有的顶点都是 5 度,但其平均度都是小于 6 的。当 $\gamma=0$ 时,$c=\left\lfloor\dfrac{7+\sqrt{1+48\gamma}}{2}\right\rfloor=4$,$c-1=4-1=3$。虽然正八面体和正二十面体各顶点的度都是大于 $\gamma=0$ 时的 $c-1=3$ 的,但正八面体和正二十面体这样的图的确又是可 4—着色的。

这说明了韦斯特所说的"令 $c=\left\lfloor\dfrac{7+\sqrt{1+48\gamma}}{2}\right\rfloor$,只要证明了能够嵌入 S_γ 上的任意简单图有一个顶点的度至多为 $c-1$,就可以通过对 $n(G)$ 用数学归纳法得出 $\chi(G)$ 的这个界。"是不正确的,是没有根据的。

韦斯特在未证明之前就已排除了亏格为 0 的平面图,他说"如果 G 可以嵌入到 $S_\gamma(\gamma>0)$ 上,……"这也是不合适的。这就等于说,他根本就没有证明赫渥特地图着色公式为什么不适用于亏格为 0 的平面图的问题。而在后面却凭空的说"当 $\gamma=0$ 时,这里给出的这个关键不等式是不成立的,因此对可平面图来讲这里的论述是无效的,尽管 $\gamma=0$ 时公式简化为 $\chi(G)\leqslant 4$。"韦斯特早就已经把 $\gamma=0$ 时的平面图排除在外了,现在又说这些还有什么意义呢?

请读者们想想,不做工作或没有做工作怎么就能知道赫渥特地图着色公式对于亏格为 0 的平面图就是不适合的呢?我们在前面已经推导出了赫渥特的地图着色公式,它根本就不需要什么附加条件。由此看来,多数人在证明该公式时,都是早就把亏格 $\gamma=0$ 的平面图排除在外了,这还叫什么"证明"呢?

韦斯特紧接着还说:"证明 *Heawood* 的界是最优的涉及将 K_n 嵌入到 S_γ 上,其中 $\gamma = \left\lceil \dfrac{(n-3)(n-4)}{12} \right\rceil$。"这种说法也是不合适的。林格尔公式 $\gamma = \left\lceil \dfrac{(n-3)(n-4)}{12} \right\rceil (n \geqslant 3)$ 与赫渥特地图着色公式 $\chi(G) \leqslant \left\lfloor \dfrac{7+\sqrt{1+48\gamma}}{2} \right\rfloor$ 都是由多阶曲面上图的欧拉公式 $v+f-e=2(1-n)$ 和完全图的顶点与边的关系式 $e = \dfrac{v(v-1)}{2}$ 两个公式推导出来的,而且林格尔公式与赫渥特地图着色公式是互为反函数的,且是可以相互推导的,从一个公式可以推导出另一个公式,这两个公式只是同一公式的两种不同的表达方式。怎么能用以相互证明呢,这样不就是出现了循环论证了吗?因此,沙特朗在他的《图论导引》一书中也用林格尔公式来证明赫渥特的地图着色公式也是不合适的。

林格尔公式和赫渥特地图着色公式都是由多阶曲面上图的欧拉公式和完全图的顶点与边的关系式推导出来的。多阶曲面上图的欧拉公式的推导本身就是从顶点数 n 大于等于 3 的图开始的,所以林格尔公式中有一个附加条件是顶点数 $n \geqslant 3$,这也是很正常的。林格尔公式中的顶点数本身就是完全图的顶点数,公式本身就是求顶点数为 n 的完全图的亏格 γ 的。而赫渥特公式则是由一个图的亏格 γ 求其最小完全同态的顶点数 $v_{同态}$ 和色数 $\chi(G)$ 的公式。当图的亏格 $\gamma = 0$ 时,公式计算的结果是,其最小完全同态的顶点数 $v_{同态}$ 和色数 $\chi(G)$ 都是 $\leqslant 4$ 的,这其中也包含了最小完全同态的顶点数 $v_{同态}$ 是小于等于 3 的图,他们的色数也都是小于 4 的。而顶点数 n 小于等于 3 的完全图 K_1 图,K_2 图和 K_3 图的最小完全同态则就是其自身,其顶点数和色数也正好分别是 1、2 和 3,也都是小于等于

4 的,所以赫渥特的地图着色公式不再标注 $n \geqslant 3$ 完全是可以的,但没有理由标注一个 $\gamma > 0$。

现在看来,对于赫渥特地图着色公式来说,赫渥特当时可能并不是经过了严密的数学推导而得到的,或许是经过推导而来,但至少公式后的附加条件($\gamma > 0$)很可能是赫渥特自己认为他对他自己的图——赫渥特图并没有能够进行 4—着色,与用公式计算的结果不相符合而加上的。因为他的图是一个平面图,所以他只好在他的公式后增加一个($\gamma > 0$)的附加条件,这样一来他就认为他的公式就算是完满了。可是他没有想到,这个公式仍然是能够经过严密的数学推导而得到的,且整个推导的过程中并没有对图的亏格有任何的限制条件。可能他也没有想到,他的图也是可以 4—着色的。

4. 赫渥特地图着色公式同样也适用于亏格为 0 的平面图

(1)赫渥特的多阶曲面上的地图着色公式是可以通过严密的数学推导而得来的,这样得来的命题是不需要再进行证明的。数学推导过程本身就是一个证明的过程。且在对这一公式的推导过程中是没有任何限制条件的。当图的亏格为 0 时,计算结果是平面图的色数小于等于 4,也是正确的,这是一个正常的、必然的结果,决非偶然。

(2)赫渥特地图着色公式本来的结果是任意亏格的图的最大团的顶点数,或者说是任意图的最小完全同态的顶点数。根据哈德维格尔的猜想,一个色数是 γ 的图,一定能同化成为 K_γ 的完全图,K_γ 也就是该图的最小完全同态。这个 K_γ 的亏格一定是小于等于原图的亏格的(如一个奇轮的色数是 4,它一定可以同化成 K_4 的,亏格仍是 0;而 $K_3,3$ 的亏格是 1,色数是 2,同化后则是 K_2,亏格是 0,比原图的亏格 1 小)。不可能有平面图同化的结果是 K_5 的,因为 K_5 是非平面图,所以也不可能存在色数是大于等于 5 的平面图。这也能说明四色猜测是正确的。如果某图同化后的最小完全同态是 K_5 时，则也就说明了这个图一定不是平面图。

（3）把亏格等于 0 代入赫渥特的地图着色公式中，所得结果，正好就是平面图的色数是小于等于 4 的结论。这就是四色猜测。

这也就证明了赫渥特多阶曲面上的地图着色公式对于亏格为 0 的平面图同样也是适用的。

编　后　记

　　笔者在 1992 年参加陕西省数学会在西安空军工程学院（今西安空军工程大学）召开的学会第七次代表大会暨学术年会时，曾对赫渥特图的 4—着色做了学术论文报告，结束了自 1890 年提出的赫渥特图一直不能 4—着色的历史。但这只是对一个具体图的着色，只是个别的，并不能代表全体的平面图。以前的 1890 年有赫渥特图的出现，今后就可能还会有其他图的出现（果然在 1992 年就有米勒图的出现）。要是这样的话，什么时候四色猜测才能得到证明是正确还是不正确呢，这样的过程是不可能完结的。所以笔者在报告的最后提出了"不画图、不着色"对四色猜测进行证明的设想，得到了与会一些专家和学者的赞许和支持。这一目标，经过了从 1992 年至今 25 年的精心研究，现在已经实现了。在本书中多数的证明方法就是"不画图、不着色"的，是直接用公式进行严密的数学推导而进行证明的。另外，任何一个问题的解决，绝对不可能是只有一种方法，而是有多种方法的。从不同的角度出发都是可以解决的。本书中内容也体现了这一点。

　　四色猜测是可以用手工进行证明的，不需要计算机辅助也是可以证明的。

著　者

2017 年 5 月 5 日于长安

参 考 文 献

[1] 许寿椿. 图说四色问题[M]. 北京：北京大学出版社,2008.

[2] 张彧典. 四色问题探秘[M]. 北京:科学出版社,2010.

[3] 徐俊杰. 数学四色问题证明[M]. 西安:西北工业大学出版社,2012.

[4] 沙特朗. 图论导引[M]. 范益政,汪毅,龚世才,等,译. 北京:人民邮电出版社,2007.

[5] 哈拉里. 图论[M]. 李慰萱,译. 上海:上海科学技术出版社,1980.

[6] 韦斯特. 图论导引[M]. 2 版.李建中,骆吉洲,译. 北京:机械工业出版社,2006.